城市新建社区低碳试点建设技术导则

孙金颖　主编

中国环境出版社·北京

图书在版编目（CIP）数据

城市新建社区低碳试点建设技术导则/孙金颖主编. —北京：
中国环境出版社，2017.2

（低碳社区建设丛书）

ISBN 978-7-5111-2514-9

Ⅰ. ①城… Ⅱ. ①孙… Ⅲ. ①节能—社区建设—研究—
中国 Ⅳ. ①TK01②D669.3

中国版本图书馆 CIP 数据核字（2017）第 034825 号

出 版 人	王新程
策划编辑	张秋辰
责任编辑	黄 颖
责任校对	尹 芳
封面设计	宋 瑞

出版发行　中国环境出版社

（100062　北京市东城区广渠门内大街 16 号）

网　　　址：http://www.cesp.com.cn

电子邮箱：bjgl@cesp.com.cn

联系电话：010-67112765（编辑管理部）

发行热线：010-67125803，010-67113405（传真）

印　　刷	北京中科印刷有限公司
经　　销	各地新华书店
版　　次	2017 年 3 月第 1 版
印　　次	2017 年 3 月第 1 次印刷
开　　本	787×960　1/16
印　　张	14.5
字　　数	230 千字
定　　价	46.00 元

前　言

　　自工业革命以来，由于人类活动，特别是开采、燃烧煤炭等化石能源，大气中的二氧化碳气体含量急剧增加，导致以气候变暖为主要特征的全球气候变化。据气象专家介绍，大气中的水蒸气、臭氧、二氧化碳等气体可透过太阳短波辐射，使地球表面升温，同时阻挡地球表面向宇宙空间发射长波辐射，从而使大气增温。由于二氧化碳等气体的这一作用与"温室"的作用类似，所以被称为温室气体。除二氧化碳外，其他气体还包括甲烷、氧化亚氮、氢氟碳化物、全氟碳化物、六氟化硫等。二氧化碳全球排放量大、增温效应高、生命周期长，是对气候变化影响最大的温室气体。

　　面对全球气候变化，亟须世界各国协同减低或控制二氧化碳排放，1997 年 12 月，《联合国气候变化框架公约》第三次缔约方大会在日本京都召开。149 个国家和地区的代表通过了旨在限制发达国家温室气体排放量以抑制全球变暖的《京都议定书》。《京都议定书》规定，到 2010 年，所有发达国家二氧化碳等 6 种温室气体的排放量，要比 1990 年减少 5.2%。2007 年 12 月 15 日，联合国气候变化大会产生了"巴厘岛路线图"，"巴厘岛路线图"为 2009 年前应对气候变化谈判的关键议题确立了明确议程。2005 年 2 月 16 日，《京都议定书》正式生效。这是人类历史上首次以法规的形式限制温室气体排放。2012 年之后如何进一步降低温室气体的排放，即所谓"后京都"问题是在内罗毕举行的《京都议定书》第 2 次缔约方会议上的主要议题。

　　自 2003 年以来，我国即采取了一系列应对气候变化的工作。2003 年国务院先后发布了《节能中长期专项规划》《关于做好建设节能型社会近期重点工作的通知》《关于加快发展循环经济的若干意见》《关于节能工作的决定》等政策性文件。2006年年底，科技部、中国气象局、国家发展改革委、国家环保总局等六部委联合发布了我国第一部《气候变化国家评估报告》。2007年6月，中国政府发布了《中国应对气候变化国家方案》，确定了中国长期应对气候变化的框架，同时科技部等13个部门联合发布了《应对气候变化科技专项行动》，以落实国家方案。党的十七大报告强调"加强应对气候变化能力建设，为保护全球气候作出贡献"。2008年10月29日，国务院新闻办公室发表了《中国应对气候变化政策与行动白皮书》。2012年1月，国务院印发了《"十二五"控制温室气体排放工作方案》，提出"到2015年全国单位国内生产总值二氧化碳排放比2010年下降17%"。2014年9月，国家发展改革委发布了《国家应对气候变化规划（2014—2020年）》，提出"到2020年，单位国内生产总值二氧化碳排放比2005年下降40%～45%"。习近平总书记在2015年12月巴黎国际应对气候大会上，代表中国政府向世界承诺：中国在"国家自主贡献"中，将于"2030年左右使二氧化碳排放达到峰值并争取尽早实现，2030年单位国内生产总值二氧化碳排放比2005年下降60%～65%"。

低碳社区是我国开展低碳省区、低碳城市、低碳园区、低碳社区、低碳商业、低碳产品6类试点示范项目中非常重要的一类，2014年3月国家发展改革委发布了《关于开展低碳社区试点工作的通知》（发改气候[2014]489号），明确提出"全国开展的低碳社区试点争取达到1 000个左右，择优建设一批国家级低碳示范社区"。并于2015年2月发布了《低碳社区试点建设指南》（发改办气候[2015]362号），将低碳社区试点划分为城市新建社区试点、城市既有社区试点、农村社区试点三大类。目前本项技术导则以城市新建社区试点作为主要研究对象，根据《低碳社区试点建设指南》的要求，从社区低碳指标体系建设、规划编制与落实、基础设施建设、运营管理、文化与生活等方面详细阐述了具体技术要点、技术适用范围、国内外发展趋势、在社区中应用的典型案例，希望通过本书的介绍能够为城市新建社区低碳试点建设提供相应的借鉴与参考。

参与本书撰写的有：第1章，孙金颖；第2章，尹文超、孙金颖；第3章，王陈栋、尹文超、孙金颖；第 4 章，孙金颖；第 5 章，孙金颖。全书由张灵鸽、刘鹏审查并提出意见。在本书的撰写过程中，得到了国家发展改革委应对气候变化司的全力支持及中肯建议，得到了美国环保协会张建宇主任、张灵鸽项目经理的大力支持及宝贵意见，在此表示诚挚感谢！

目　录

第1章 低碳社区试点建设工作背景分析

1.1 低碳社区试点建设工作的背景

根据国内外形势，在全国范围内强化碳排放峰值、碳排放总量和碳排放强度的指标性考核已经成为必然趋势，社区是从"城市—建筑—居民"角度一体化增强适应气候变化、提高气候耐受力和降低温室气体排放的最有效手段，推动低碳社区试点正是从建设、运营、生活消费角度统一践行低碳理念的重要载体，我国政府从2011年起即提出了低碳社区试点建设的工作，其工作推进经过了以下发展历程：

在党的十八届五中全会所确定的国家"十三五"规划战略中，把中国应对气候变化的任务融入了国家经济发展中，大力推进生态文明建设，推动绿色循环低碳发展，坚持减缓和适应气候变化并重。《国家应对气候变化规划（2014—2020年）》提出"单位国内生产总值二氧化碳排放比2005年下降40%～45%"，习近平总书记在2015年12月巴黎国际应对气候大会上，代表中国政府向世界承诺：中国在"国家自主贡献"中，将于2030年左右使二氧化碳排放达到峰值并争取尽早实现，2030年单位国内生产总值二氧化碳排放比2005年下降60%～65%。

《"十二五"控制温室气体排放工作方案》（国发[2011]41号）提出：结合国家保障性住房建设和城市房地产开发，按照绿色、便捷、节能、低碳的要求，开展低碳社区建设。在社区规划设计……供暖供冷供电供热水系统……绿色低碳化。

鼓励建立节能低碳、可再生能源利用最大化的社区能源与交通保障系统，积极利用地热地温、工业余热……引导社区居民普遍接受绿色低碳的生活方式和消费模式。

《关于开展低碳社区试点工作的通知》（发改气候[2014]489 号）：到"十二五"末，全国开展的低碳社区试点争取达到 1 000 个左右，择优建设一批国家级低碳示范社区。以低碳理念统领社区建设全过程，培育低碳文化和低碳生活方式，探索推行低碳化运营管理模式，推广节能建筑和绿色建筑，建设高效低碳的基础设施，营造优美宜居的社区环境。

《低碳社区试点建设指南》（发改办气候[2015]362 号）（以下简称《指南》）：将低碳社区试点划分为城市新建社区试点、城市既有社区试点、农村社区试点三大类，探索形成符合实际、各具特色的建设模式。

《国家应对气候变化规划（2014—2020 年)》（发改气候[2014]2347 号）：结合新型城镇化建设和社会主义新农村建设，扎实推进低碳社区试点……重点城市制订低碳社区建设规划，明确工作任务和实施方案。鼓励军队开展低碳营区试点。

其中，《指南》明确提出了社区的三种分类，并在其中明确提出了指导城市新建社区建设工作的要求，也是本书编制的重要依据。

1.2 城市社区的发展

1.2.1 西方国家城市社区的发展

工业化之前，西方国家的城市社区呈现出一种守望相助、邻里和谐、居民同质性强的状态。随着城市化的加速，社区的功能逐渐弱化，社区不再是居民生活的唯一场所，人口流动性大大加强，居民可以选择在一个社区里居住，但是可以在其他的社区工作。由于居民异质性的增强，社区传统的管理职能难以落实。在这种现代城市社区之中，居民之间的交流减少，居民之间主要通过利益联结起来。由于城市化和工业化对城市造成严重的影响，西方国家兴起了以社区复兴、社区重建为主题的城市社区建设。希望能够重新燃起现代人对社区的情感和希望。20
世纪 60 年代，各种社区组织的兴起大大推动了社区建设。20 世纪 80 年代以后，
社区组织逐渐和政府协调、合作，共同承担起社区建设的任务。

1.2.2 我国城市社区的发展

在我国，城市社区的发展建设大体经历了单位制管理阶段、街居制管理阶段、
向社区治理阶段发展的三大阶段。在计划经济时代，政府的职能几乎渗透了社会
管理的所有领域，无所不包。计划经济时代的基层社会管理体制是单位制。"单位"
是一种城市社会的基本形式。国家通过单位全方位管理社会，国家的权力在事实
上覆盖了整个社会。单位制也是一种社区管理体制。这种社区管理体制呈现出诸
多弊端，如行政色彩浓厚、自治程度低、居民参与被动、社区组织发育迟缓等。
在"全能政府"的包办下，国家等同于政府。政府包揽了所有经济事务的同时，
通过"单位体制"的建立，也包揽了所有的社会事务。政府通过单位，插手于社
区生活的方方面面，权力自上而下单向度运行，政府的权力与机构也无限膨胀，
逐渐使得老百姓形成了依赖的习惯，所有的事情都落脚到三个字，就是"等、靠、
要"。在政府权力无限膨胀的过程当中，产生了大量行政机关冗员，政府运作的效
率也每况愈下，高度集中的计划经济体制严重阻碍了城市社区的建设和发展。

1978 年改革开放以来，我国进行了市场经济体制的改革，政府职能开始转变，
"市场能做的事交给市场去做。社会能做的事交给社会去做"，单位体制开始瓦解，
社会人大量出现，社区发展面临许多新问题。"街居制"逐渐成为一种社区管理模
式并在我国城市社区建设中占据着主要的位置。"街居制"主要是指以街道办事处
和居民委员会来划分城市社区的范围，并依此形成了"两级政府、三级管理"的
社区行政管理体制。街道办事处和居委会的地位开始强化。我国大部分城市社区
是在行政区划的基础上形成的，并不是自然形成的居民共同体。以街道和居委会
来划分社区的范围，并依此形成了一种街道办事处—居民委员会的社区管理体制。
街居制是由单位制转变而来的一种新型社区管理体制。但是，此阶段社区管理的
行政化倾向很严重。按照滕尼斯对于社区的定义，我国许多城市"社区"并不能

算作真正意义上的社区，相反更具有社会的意味。[①]

1.3 城市新建低碳社区建设可利用的优惠政策

1.3.1 可再生能源建筑应用示范项目资金

此项奖励资金是国家财政安排资金专项用于支持可再生能源建筑应用的资金。按照国家财政部和住房城乡建设部关于《可再生能源建筑应用示范专项资金管理暂行办法》（财建[2006]460 号）规定，奖励资金管理办法主要包括以下内容：

1）适用项目

一是与建筑一体化的太阳能供应生活热水、供热制冷、光电转换、照明；

二是利用土壤源热泵和浅层地下水源热泵技术供热制冷；

三是地表水丰富地区利用淡水源热泵技术供热制冷；

四是沿海地区利用海水源热泵技术供热制冷；

五是利用污水源热泵技术供热制冷；

六是其他经批准的支持领域。

2）资金来源

中央财政。

3）补贴范围

一是示范项目的补助；

二是示范项目综合能效检测、标识，技术规范标准的验证及完善等；

三是可再生能源建筑应用共性关键技术的集成及示范推广；

四是示范项目专家咨询、评审、监督管理等支出；

五是财政部批准的与可再生能源建筑应用相关的其他支出。

---

① 周远思. 武汉市百步亭社区治理结构研究. 华中科技大学，2013.

4）补助方式、额度

财政部、住建部根据增量成本、技术先进程度、市场价格波动等因素，确定每年的不同示范技术类型的单位建筑面积补贴额度；

利用两种以上可再生能源技术的项目，补贴标准按照项目具体情况审核确定；

对可再生能源建筑应用共性关键技术集成及示范推广，能效检测、标识，技术规范标准验证及完善等项目，根据经批准的项目经费金额给予全额补助。

5）管理、申请办法

由地方财政和建设主管部门对申报项目进行初步审查把关。

地方选报的示范项目数量原则上要控制在 5 个以内，选报的项目要求能在今年内开工建设，并可在今明两年内完工。项目资金申请办法如图1-1所示。

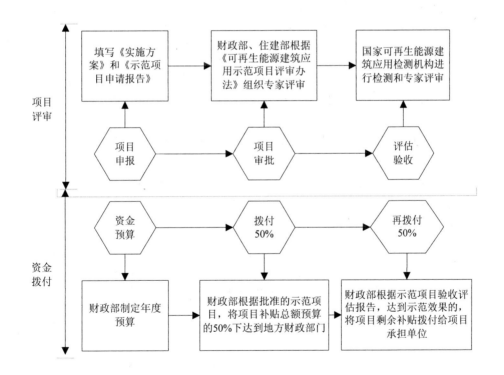

图 1-1　可再生能源建筑应用专项资金申请流程

1.3.2 国家机关办公建筑和大型公共建筑节能专项资金

此项资金是为贯彻落实《国务院关于印发节能减排综合性工作方案的通知》（国发[2007]15号）精神，切实推进国家机关办公建筑和大型公共建筑节能工作，由中央财政安排的专项用于支持国家机关办公建筑和大型公共建筑节能的资金。按照《国家机关办公建筑和大型公共建筑节能专项资金管理暂行办法》（财建[2007]558号）规定，此项专项资金主要用于以下方面：

1）适用项目

"国家机关办公建筑"包括国家各级党委、政府、人大、政协、法院、检察院等机关的办公建筑；"大型公共建筑"是指单体建筑面积2万平方米以上的公共建筑。

2）资金来源

中央财政安排的专项资金。

3）资金使用范围

一是建立建筑节能监管体系支出，包括搭建建筑能耗监测平台、进行建筑能耗统计、建筑能源审计和建筑能效公示等补助支出，其中，搭建建筑能耗监测平台补助支出，包括安装分项计量装置、数据联网等补助支出；

二是建筑节能改造贴息支出；

三是财政部批准的国家机关办公建筑和大型公共建筑节能相关的其他支出。

4）补助、方式额度

（1）建立建筑节能监管体系

中央财政对建立能耗监测平台给予一次性定额补助：

一是在起步阶段，中央财政对建筑能耗统计、建筑能源审计、建筑能效公示等工作，予以适当经费补助；

二是地方财政应对当地建立建筑节能监管体系予以适当支持。

（2）建筑节能改造

一是地方建筑节能改造项目，中央财政贴息50%；

二是中央建筑节能改造项目，中央财政全额贴息。

（中央财政贴息节能改造项目，是指建立起有效的建筑节能监管体系、节能量可以计量基础上，采用合同能源管理形式实施改造的项目。）

5）管理、申请办法

（1）建立建筑节能监管体系

一是申请地方建筑节能监管体系补助资金，由各地财政部门会同建设部门负责申请、管理；

二是中央建筑节能监管体系补助资金，由住建部会同国务院机关事务管理局等单位向财政部申请。

（2）建筑节能改造

一是地方建筑节能改造项目由省级财政部门会同建设部门负责，在当年 9 月底前报财政部驻当地财政监察专员办事处签署审核意见。

二是中央建筑节能改造项目由住建部会同国务院机关事务管理局等单位负责，在当年 9 月底前报财政部驻北京专员办事处签署相关贷款材料的审核意见。

项目资金申请办法如图 1-2 所示。

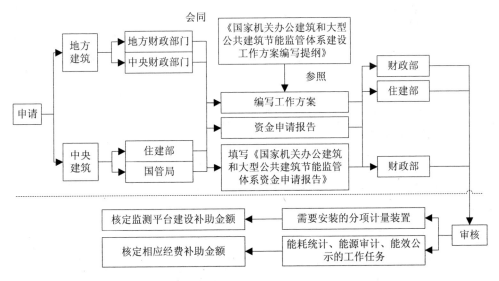

图 1-2　国家机关办公建筑和大型公共建筑节能专项资金申请流程

1.3.3 太阳能光电建筑应用财政补助资金

此项资金是中央财政从可再生能源专项资金中安排部分资金，支持太阳能光电在城乡建筑领域应用的示范推广。根据《太阳能光电建筑应用财政补助资金管理暂行办法》（财建[2009]129号），补助资金将按照以下方面使用：

1）适用项目

一是单项工程应用太阳能光电产品装机容量应不小于50kWp；

二是应用的太阳能光电产品发电效率应达到先进水平，其中单晶硅光电产品效率应超过16%，多晶硅光电产品效率应超过14%，非晶硅光电产品效率应超过6%；

三是优先支持太阳能光伏组件应与建筑物实现构件化、一体化项目；

四是优先支持并网式太阳能光电建筑应用项目；

五是优先支持学校、医院、政府机关等公共建筑应用光电项目。

2）资金来源

中央财政。

3）补助资金使用范围

一是城市光电建筑一体化应用，农村及偏远地区建筑光电利用等给予定额补助；

二是太阳能光电产品建筑安装技术标准规程的编制；

三是太阳能光电建筑应用共性关键技术的集成与推广。

4）补贴方式、额度

2009年补助标准原则上定为20元/Wp，具体标准将根据与建筑结合程度、光电产品技术先进程度等因素分类确定。以后年度补助标准将根据产业发展状况予以适当调整。

5）管理、申请办法

一是申请补助资金的单位应为太阳能光电应用项目业主单位或太阳能光电产品生产企业，申请补助资金单位应提供以下材料：项目立项审批文件（复印件）；

太阳能光电建筑应用技术方案；太阳能光电产品生产企业与建筑项目等业主单位签署的中标协议；其他需要提供的材料。

二是申请补助资金单位的申请材料按照属地原则，经当地财政、建设部门审核后，报省级财政、建设部门。

三是省级财政、建设部门对申请补助资金单位的申请材料进行汇总和核查，并于每年的 4 月 30 日、8 月 30 日前联合上报财政部、住房和城乡建设部（附表）。

四是财政部会同住房和城乡建设部对各地上报的资金申请材料进行审查与评估，确定示范项目及补助资金的额度。

五是财政部将项目补贴总额预算的 70% 下达到省级财政部门。省级财政部门在收到补助资金后，会同建设部门及时将资金落实到具体项目。

六是示范项目完成后，财政部根据示范项目验收评估报告，达到预期效果的，通过地方财政部门将项目剩余补助资金拨付给项目承担单位。

1.3.4　可再生能源城市级示范的补贴

为落实国务院节能减排战略部署，加快发展新能源与节能环保新兴产业，推动可再生能源在城市建筑领域大规模应用，财政部、住房和城乡建设部 2009 年组织开展了可再生能源建筑应用城市示范和农村地区示范，并制定了相应的经济激励办法。

近年来，财政部、住房和城乡建设部组织实施的可再生能源建筑应用示范工程，取得良好的政策效果，可再生能源建筑应用技术水平不断提升，应用面积迅速增加，部分地区已呈现规模化应用势头。为进一步放大政策效应，更好地推动可再生能源在建筑领域的大规模应用，财政部和住房和城乡建设部制定了《可再生能源建筑应用城市示范实施方案》（财建[2009]305 号），支持可再生能源的城市级示范应用。

1）申请示范城市应具备的条件

申请示范的城市是指地级市（包括区、州、盟）、副省级城市；直辖市可作为独立申报单位，也可组织本辖区地级市区申报示范城市。

一是已对本地区太阳能、浅层地能等可再生资源进行评估，具备较好的可再生能源应用条件。

二是已制定可再生能源建筑应用专项规划。

三是已制定近两年的可再生能源建筑应用实施方案，详细说明在今后两年可以实施的项目情况，做到项目落实，并说明项目基本情况，包括工程应用的技术类型、应用面积、实施期限等。

四是在今后两年内新增可再生能源建筑应用面积应具备一定规模，其中：地级市（包括区、州、盟）应用面积不低于 200 万平方米，或应用比例不低于 30%；直辖市、副省级城市应用面积不低于 300 万平方米。

五是可再生能源建筑应用设计、施工、验收、运行管理等标准、规程或图集基本健全，具备一定的技术及产业基础。

六是优先支持已出台促进可再生能源建筑应用政策法规的城市。

2）补贴额度

规定对纳入示范的城市，中央财政将予以专项补助。资金补助基准为每个示范城市 5 000 万元，具体根据两年内应用面积、推广技术类型、能源替代效果、能力建设情况等因素综合核定，切块到省。推广应用面积大，技术类型先进适用，能源替代效果好，能力建设突出，资金运用实现创新，将相应调增补助额度，每个示范城市资金补助最高不超过 8 000 万元；相反，将相应调减补助额度。

3）资金使用

补助资金主要用于工程项目建设及配套能力建设两个方面，其中，用于可再生能源建筑应用工程项目的资金原则上不得低于总补助的 90%，用于配套能力建设的资金，主要用于标准制订、能效检测等。

4）资金拨付

中央财政补助资金分 3 年拨付，第 1 年根据城市申报应用面积等因素测算补助资金总额，按测算资金的 60% 拨付补助资金；后两年根据示范城市完成的工作进度拨付补助资金。

5）项目申报与审核

（1）申请

申请示范的城市财政、住房城乡建设部门编写实施方案，经同级人民政府批准后报送省级财政、住房城乡建设部门。省级财政、住房城乡建设部门对各市申报材料进行汇总和初审后，择优选择备选城市，并于每年 5 月 31 日前联合上报财政部、住房和城乡建设部（2009 年申报截止日期为 8 月 31 日）。每个省（自治区、直辖市）申请示范的地级市原则上不超过 3 个。

（2）审核确认

财政部、住房和城乡建设部组织对各地上报的申报材料进行审查，综合考虑项目落实程度、今后两年内推广应用面积、技术先进适用性、城市能力具备条件、机制创新实现程度等因素，选择确定纳入示范的城市。对于逾期上报的城市示范申请，将不予受理。

1.3.5　绿色生态城区建设补贴资金

国家设有"绿色生态城区专项补贴资金"，具备以下条件可申请：

申请示范单位为地级以上城市（包括直辖市、计划单列市、地级市等）新区，应具备以下条件：

一是城市新区已按绿色、生态、低碳理念编制完成总体规划、控制性详细规划及建筑、市政、能源等专项规划，建立了相应的指标体系。

二是城市新区起步区（先导区）面积 3 平方公里以上，两年内开工建设规模不少于 200 万平方米，新建建筑全部执行《绿色建筑评价标准》（GB 50378—2006），其中二星级及以上绿色建筑比例超过 30%。

三是编制绿色生态城区建设实施方案。

四是优先支持我国与外国政府间合作建设的绿色生态城区，财政部、国家发展改革委选定的节能减排综合试点城市所辖新区，以及住房和城乡建设部与相关省签署绿色、生态共建协议的新区。

目前已支持了贵阳中天·未来方舟生态新区、中新天津生态城、深圳市光明新区、唐山市唐山湾生态城、无锡市太湖新城、长沙市梅溪湖新城、重庆市悦来绿色生态城区、昆明市呈贡新区等8个新区。

1.3.6 海绵城市建设补贴资金

国务院办公厅《关于推进海绵城市建设的指导意见》（国办发[2015]75号）提出：通过海绵城市建设，综合采取"渗、滞、蓄、净、用、排"等措施，最大限度地减少城市开发建设对生态环境的影响，将70%的降雨就地消纳和利用。到2020年，城市建成区20%以上的面积达到目标要求；到2030年，城市建成区80%以上的面积达到目标要求。

中央财政对海绵城市建设试点给予专项资金补助，一定3年，具体补助数额按城市规模分档确定，直辖市每年6亿元，省会城市每年5亿元，其他城市每年4亿元。对采用PPP模式达到一定比例的，按上述补助基数奖励10%。

海绵城市概念、政策及试点建设概述

2012年4月，在《2012低碳城市与区域发展科技论坛》中，"海绵城市"概念首次提出；2013年12月12日，习近平总书记在《中央城镇化工作会议》的讲话中强调："提升城市排水系统时要优先考虑把有限的雨水留下来，优先考虑更多利用自然力量排水，建设自然存积、自然渗透、自然净化的海绵城市"。而《海绵城市建设技术指南——低影响开发雨水系统构建（试行）》以及仇保兴发表的《海绵城市（LID）的内涵、途径与展望》则对"海绵城市"的概念给出了明确的定义，即城市能够像海绵一样，在适应环境变化和应对自然灾害等方面具有良好的"弹性"，下雨时吸水、蓄水、渗水、净水，需要时将蓄存的水"释放"并加以利用。提升城市生态系统功能和减少城市洪涝灾害的发生。

海绵城市，是新一代城市雨洪管理概念，是指城市在适应环境变化和应对雨水带来的自然灾害等方面具有良好的"弹性"，也可称之为"水弹性城市"。国际通用术语为"低影响开发雨水系统构建"。下雨时吸水、蓄水、渗水、净水，需要时将蓄存的水"释放"并加以利用。

国务院办公厅出台《关于推进海绵城市建设的指导意见》指出，采用渗、滞、蓄、净、用、排等措施，将70%的降雨就地消纳和利用。

2015 年海绵城市建设试点城市名单包括：迁安、白城、镇江、嘉兴、池州、厦门、萍乡、济南、鹤壁、武汉、常德、南宁、重庆、遂宁、贵安新区和西咸新区。

2016 年海绵城市建设试点城市名单包括：北京市、天津市、大连市、上海市、宁波市、福州市、青岛市、珠海市、深圳市、三亚市、玉溪市、庆阳市、西宁市和固原市。

1.3.7　综合管廊建设补贴资金

在《关于开展中央财政支持地下综合管廊试点工作的通知》中明确，将对地下综合管廊试点城市给予专项资金补助，一定 3 年，具体补助数额按城市规模分档确定，直辖市每年 5 亿元，省会城市每年 4 亿元，其他城市每年 3 亿元。对采用 PPP 模式达到一定比例的，将按上述补助基数奖励 10%。

通知进一步明确，试点城市由省级财政、住建部门联合申报。试点城市应在城市重点区域建设地下综合管廊，将供水、热力、电力、通信、广播电视、燃气、排水等管线集中铺设，统一规划、设计、施工和维护。试点城市管廊建设应统筹考虑新区建设和旧城区改造，建设里程应达到规划开发、改造片区道路的一定比例，至少 3 类管线入廊。试点城市按三年滚动预算要求编制实施方案，实施方案编制指南另行印发。

通知明确，将采取竞争性评审方式选择试点城市。财政部、住房和城乡建设部将对申报城市进行资格审核。此外，两部门还将定期组织绩效评价，并根据绩效评价结果进行奖罚。评价结果好的，按中央财政补助资金基数 10%给予奖励；评价结果差的，扣回中央财政补助资金。具体绩效评价办法另行制订。

目前，已确定的试点城市包括：包头、沈阳、哈尔滨、苏州、厦门、十堰、长沙、海口、六盘水、白银。

综合管廊政策与实践

综合管廊（日本称"共同沟"、中国台湾称"共同管道"），就是地下城市管道综合走廊。即在城市地下建造一个隧道空间，将电力、通信，燃气、供热、给排水等各种工程管线集于一体，设有专门的检修口、吊装口和监测系统，实施统一规划、统一设计、统一建设和管理，是保障城市运行的重要基础设施和"生命线"。它是实施统一规划、设计、施工和维护，建于城市地下用于敷设市政公用管线的市政公用设施。

综合管廊建设的一次性投资常常高于管线独立铺设的成本。据统计，日本、中国台北市、中国上海市的综合管廊平均造价（按人民币计算）分别是 50 万元/米、13 万元/米和 10 万元/米，较之普通的管线方式的确要高出很多。但综合节省出的道路地下空间、每次的开挖成本、对道路通行效率的影响以及环境的破坏，综合管廊的成本效益比显然不能只看投入多少。中国台湾地区曾以信义线 6.5 公里的综合管廊为例进行过测算，建综合管廊比不建只需多投资 5 亿元新台币，但 75 年后产生的效益却有 2 337 亿元新台币。

其实北京市早在 1958 年就在天安门广场下铺设了 1 000 多米的综合管廊。2006 年在中关村西区建成了我国大陆地区第二条现代化的综合管廊。该综合管廊主线长 2 公里，支线长 1 公里，包括水、电、冷、热、燃气、通信等市政管线。1994 年，上海市政府规划建设了大陆第一条规模最大、距离最长的综合管廊——浦东新区张杨路综合管廊。该综合管廊全长 11.125 公里，收容了给水、电力、信息与煤气等四种城市管线。上海还建成了松江新城示范性地下综合管廊工程（一期）和"一环加一线"总长约 6 公里的嘉定区安亭新镇综合管廊系统。中国与新加坡联合开发的苏州工业园基础设施建设，经过 10 年的开发，地下管线走廊也已初具规模。

第 2 章 低碳社区建设指标体系及规划管控技术

2.1 《低碳社区试点建设指南》对城市新建社区低碳试点的要求

2.1.1 城市新建社区的边界及范围

城市新建社区是指规划建设用地 50%以上未开发或正在开发的城市新开发社区。城市新建社区试点应按高标准做好源头控制，以低碳规划为统领，在社区建设、运营、管理全过程和居民生活等方面践行低碳理念。整体拆迁的旧城改造、棚户区改造、城中村改造项目可按城市新建社区开展试点。

尚未建立街道办事处、居民委员会等社区管理机构的城市新建社区，由新区管委会或投资开发主体负责创建，调动多方主体共同参与，构建政府管理机构、开发企业、社会组织多维组合的建设模式；政府规划建设相关部门应加强协作，采取联席会、一站式审批等多种方式，强化新建社区的统一规划和滚动开发建设。鼓励探索由专业化大型物业管理集团对低碳社区统一运营管理的新模式。

2.1.2 试点社区选择的原则

城市新建社区试点选取应遵循以下原则：

一是纳入城市总体规划，符合土地利用规划，有明确的四至范围；

二是社区开发建设责任主体明确；

三是属于地方城镇化建设的重点区域，对带动当地低碳发展具有示范引领作用；

四是优先考虑国家低碳城（镇）试点、低碳工业园区试点、国家绿色生态示范城区、国家新能源示范城市、绿色能源示范县、新能源示范园区等范围内的社区；

五是优先考虑开展保障性住房开发、城市棚户区改造、城中村改造等项目的社区。

2.2 城市新建社区试点建设指标体系

2.2.1 指标体系要求

试点建设指标体系设置强调从规划建设环节提出高标准的准入要求，基于前瞻性和可操作性，设定了 10 类一级指标和 46 个二级指标，覆盖了社区低碳规划、建设、运营管理的全过程（表 2-1）。其中，约束性指标是试点建设必须要达到目标参考值要求的指标，引导性指标是试点建设可根据自身情况确定目标参考值的指标。

试点社区应参照本指标体系，考虑自身实际情况，确定本社区各项指标的目标值，并适当增加有地域特色的指标。

表 2-1　城市新建社区试点建设指标体系

一级指标	二级指标	指标性质		目标参考值
碳排放量	社区二氧化碳排放下降率	约束性		≥20%（比照基准情景）
空间布局	建设用地综合容积率	约束性		1.2～3
	公共服务用地比例		引导性	≥20%
	产业用地与居住用地比率		引导性	1/3～1/4
绿色建筑	社区绿色建筑达标率		引导性	≥70%
	新建保障性住房绿色建筑一星级达标率	约束性		100%
	新建商品房绿色建筑二星级达标率	约束性		100%
	新建建筑产业化建筑面积占比		引导性	≥2%
	新建精装修住宅建筑面积占比		引导性	≥30%
交通系统	路网密度	约束性		≥3 km/km^2
	公交分担率	约束性		≥60%
	自行车租赁站点	约束性		≥1 个
	电动车公共充电站	约束性		≥1 个
	道路循环材料利用率		引导性	≥10%
	社区公共服务新能源汽车占比		引导性	≥30%
能源系统	社区可再生能源替代率	约束性		≥2%
	能源分户计量率	约束性		≥80%
	家庭燃气普及率	约束性		100%
	北方采暖地区集中供热率	约束性		100%
	可再生能源路灯占比		引导性	≥80%
	建筑屋顶太阳能光电、光热利用覆盖率		引导性	≥50%
水资源利用	节水器具普及率	约束性		≥90%
	非传统水源利用率		引导性	≥30%
	实现雨污分流区域占比		引导性	≥90%
	污水社区化分类处理率		引导性	≥10%
	社区雨水收集利用设施容量		引导性	≥3 000 m^3/km^2

一级指标	二级指标	指标性质		目标参考值
固体废弃物处理	生活垃圾分类收集率	约束性		100%
	生活垃圾资源化率	约束性		≥50%
	生活垃圾社区化处理率		引导性	≥10%
	餐厨垃圾资源化率		引导性	≥10%
	建筑垃圾资源化率		引导性	≥30%
环境绿化美化	社区绿地率		引导性	≥8%
	本地植物比例	约束性		≥40%
运营管理	物业管理低碳准入标准	约束性		有
	碳排放统计调查制度	约束性		有
	碳排放管理体系	约束性		有
	碳排放信息管理系统		引导性	有
	引入的第三方专业机构和企业数量		引导性	≥3 个
低碳生活	基本公共服务社区实现率	约束性		100%
	社区公共食堂和配餐服务中心	约束性		有
	社区旧物交换及回收利用设施	约束性		有
	社区生活信息智能化服务平台	约束性		有
	低碳文化宣传设施	约束性		有
	低碳设施使用制度与宣传展示标识		引导性	有
	节电器具普及率		引导性	80%
	低碳生活指南	约束性		有

2.2.2 指标运用

试点社区应根据《低碳社区试点建设指南》（以下简称《指南》）规定的城市新建社区低碳建设指标体系，科学推进社区规划、建设、运营和管理。在规划环节，应把相关指标要求贯彻到经济社会发展、土地利用和城市建设等规划中，落实到空间布局，分解至地块、建筑和配套设施；在建设环节，应把相关指标要求体现在社区建筑、交通、基础设施等领域质量标准和项目管理中；在运营管理环节，应按相关指标要求，建立相应的制度规范、组织机构、管理体系和应用平台。

在指标编制过程中,《指南》提出的指标内容应进行相应的考虑,其中约束性指标应在建设过程中满足,引导性指标可结合当地实际情况予以考虑。

2.2.3 碳减排效果评估

城市新建社区试点建设指标体系中要求,碳排放量指标以社区二氧化碳排放下降率为约束性指标,要求新建社区试点比照当地基准情景下降率应≥20%,具体的碳减排效果评估,根据国家和地方认可的低碳社区碳排放核算方法学,由第三方专业机构或企业出具相应证明材料。

2.3 城市新建社区低碳规划及控制

2.3.1 指南要求

1. 贯彻低碳规划理念

优化空间布局。将低碳理念贯穿到社区土地利用规划、城市建设规划、控制性详细规划,实行"多规合一",倡导产城融合,推行紧凑型空间布局,鼓励以公共交通为导向(TOD)的开发模式,倡导建设"岛式商业街区"。统筹已建区域改造与新区开发的关系,合理配置居住、产业、公共服务和生态等各类用地,科学布局基础设施,加强地下空间开发利用,推行社区"15 分钟生活圈",强化社区不同功能空间的连通性和共享性。

加强低碳论证。根据审核通过的低碳社区试点实施方案,对已有土地利用规划、城市建设规划、控制性详细规划组织开展低碳论证,对上述规划进行完善和补充,并将建筑、交通、能源、水资源、公共配套设施等各项低碳建设指标纳入规划。对新开发小区建设方案开展低碳专项评审。

2. 低碳规划管理

强化土地出让环节的低碳准入要求。试点社区在土地出让条件中应将主要低碳建设指标纳入土地使用权出让合同,纳入控规指标体系,进入"一书两证"(城市规划选址意见书、建设用地规划许可证、建设工程规划许可证）审批流程。

强化项目的低碳管理要求。将试点社区低碳规划建设指标体系要求纳入社区建设管理工作，对试点社区内项目开展低碳评估。

强化开发单位的主体责任。建立覆盖一、二级开发和分领域规划设计管控机制。试点社区开发主体应按照低碳理念和低碳建设指标体系要求，进行项目规划和设计。项目单位提交的项目建议书、可行性研究报告等相关项目文件应包括低碳建设指标体系落实情况。

2.3.2　低碳规划管控技术

1. 管理机制

目前城市新建社区的管理机构大致可以划分为两种。一种是以天津生态城为代表，这种管委会主导、大部制架构、中外合作运营的管理模式，为生态城实行创造了较为灵活宽松的体制空间和法制环境。部门职能集中、机构设置精简、行政效能提高，能够在规划选址、规划条件、规划验收、档案管理等不同阶段控制，具有管理和衔接的一致性。实现不同专业、不同工作环节之间的信息共享和相互配合，避免了企业、居民办事重复报件的问题，为政府推行首问负责制、减少审批环节、精简办事流程、提高办结效率奠定了基础。但这种模式打破了城乡规划现有行政管理机制，对于生态城可推广、可复制的目标有一定难度。

另一种是以长辛店生态城为代表，常规的行政机构设置，常态化的管理，通过生态城市控制性详细规划的技术手段和控规指标体系，将生态规划融入城乡规划设计与管理系统当中，形成了从生态城市目标到控规编制技术手段以及后续城市规划管理实施的系统性框架，解决了生态发展理念与目标在城市建设中"落地"的难题。批准后的生态控制性详细规划成为城市规划建设管理的法定依据，并通过精细化的管理层层推动生态建设。各项控制内容与规划管理单位的审查部门充分沟通对接，为大规模开展生态城市建设实施与管理开创了途径。挑战在于管理部门权力分散，需要通过协调机制的建立使各部门分工配合提高效率，另外也对规划管理能力和管理人员的低碳专业技术水平提出了更高的要求。

政策环境影响到项目能否有额外权力或手段去实施生态城建设。根据调研的访谈，地方管理人员一致认为推动生态城建设的地方性法规和地方政府规章可以提高实施的法律保障，并为各部门配合生态城的建设提供了法定的推动力量。

2. 技术管控

在我国城市规划管理施行"一书两证"制度的前提下，审批后的低碳生态控规，是低碳生态城管理的重要依据。

低碳生态城的控规编制，比传统的控规增加了生态环境、绿色交通、建筑能源、市政工程与资源节约利用等方面的控制指标与要求。生态控制指标制定方面要充分考虑规划管理可执行的要求，各项指标均应经过规划管理的用地审查部门、建筑审查部门、法制部门、基础设施部门等共同认定，深入探讨与规划管理审批流程的对接关系，在确保规划技术成熟、规划管理可操作的前提下，由控规审批管理部门批准规划执行。将低碳控规中重要的低碳生态指标要求列入规划管理部门提出的规划条件中，作为选址意见书发放或土地使用权出让合同的组成部分，以此约束和指导开发单位按照土地出让条件来落实建设。

在规划审批管理过程中，通过对建设用地规划许可证阶段、建设工程规划许可证阶段、规划核实、竣工验收阶段对各项生态指标等进行控制。

为了促进实施部门间的相互协作，以及强化低碳生态管理监督的技术力量，除常规的行政机构设置外，地方还通常成立专门的综合协调部门（如呈贡低碳试点办公室），或者以低碳生态技术的审查为主的第三方技术支持机构（如中新天津生态城绿色建筑研究院）。联席会制度也是确保生态指标分解和落实的重要制度。此外，低碳生态相关技术标准与规范是审批部门在管理设计、建设与验收时的重要参考文件，除参考国家和省市层面的相关标准，各地也尝试建立具有地方特点和针对性的地方标准，这方面中新天津生态城作了很多有益的探索。

1）模式一

通过"一书两证"流程，发放行政许可，管理方在各个环节增加审查低碳生态内容（图 2-1）。例如规划、园林、交通等部门参与部门相关的低碳生态审查。管理方在自己职权范围内，可以增设类似"工程技术中心""低碳生态城市试点办公室"的部门协助审查与协调其他参与管理部门。这一模式与原有规划实施管理流程一致，程序简单。但管理方可能存在低碳生态技术管理能力的不足，同时存在低碳生态技术规范不完善，管理依据不足等问题。

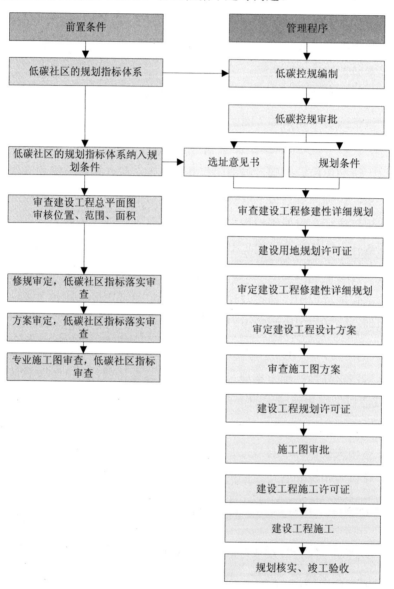

图 2-1　低碳社区审查与常规审查相结合工作流程

2）模式二

独立第三方评价机构参与低碳生态技术审查。参与过程与"一书两证"的管理流程衔接，在每个环节出具审查意见，管理方根据第三方的审查意见，决定是否发放行政许可文件（图 2-2）。独立第三方评价机构参与到低碳生态，绿色建筑

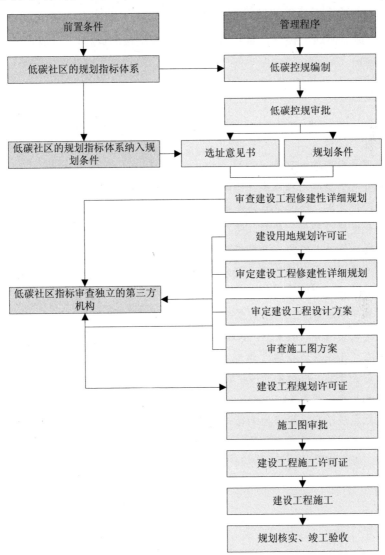

图 2-2　第三方机构作为审查方的工作程序

审查的各个环节，包括修建性详细规划审查、建筑方案审查、施工图审查等环节，甚至包括绿色建筑设计标识、绿色建筑标识等审查工作，在每个审查环节出具审查意见，管理方以此做出相关的行政许可。第三方评价机构需要具有很强的低碳生态技术水平，能得到社会和管理方的认可。同时第三方也需要得到监管，保持独立、公正。这一模式能够较好把握低碳生态技术上的审查，解决管理方存在的技术不足问题。但这一模式，需要增加评价机构及相关流程，管理程序变得复杂，管理成本增加。

案例　中新天津生态城低碳规划管控机制

▶管理平台与体制环境

天津市委、市政府批准成立中新天津生态城管理委员会，并颁布了《中新天津生态城管理规定》。授权管委会代表市政府对本辖区实施统一的行政管理，并负责生态城的开发建设管理。管理权限包括：土地、建设、环保、交通、房屋、工商、公安、财政、劳动、民政、市容环卫、市政、园林绿化、文化、教育、卫生等公共管理工作，集中形式行政许可、行政处罚等行政管理权。

▶控制指标的实施与审批流程

低碳城市实施机制：为配合管理，生态城从法律法规层面制订了"中新天津生态城绿色建筑管理暂行规定"，从政策层面研究生态城绿色建筑专项研究资金的使用管理办法，（住房城乡建设部为"绿色生态城区"补助的5 000万元资金以及地方政府配套资金），并开展了一些有关绿色建筑课题的研究，为生态城的发展提供一定的技术支撑（图2-3）。

在规划条件阶段，依据控制性详细规划，对项目的总能耗进行限定。该能耗指标将在土地出让或划拨时，与容积率一样，作为对地块的一项控制性指标纳入土地出让合同，要求建设单位必须强制实施。

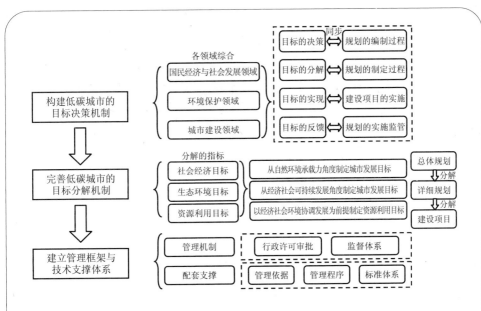

图 2-3   低碳城市指标体系实施机制示意图

在修建性详细规划阶段，审查项目的总能耗是否满足规划条件的要求，同时要求建设单位将项目总能耗分解到各单体建筑中。同时，在该阶段还将对建筑朝向、规划布局、日照环境、风环境等内容进行审核。

在建筑方案阶段，要求建设单位对设计方案进行能耗模拟。对能耗模拟结果和所采用的绿色建筑技术措施进行审查，通过审查的，核发《建设工程规划设计方案审定通知书》。

在施工图阶段，根据建设单位报送的施工图，进行能耗模拟。同时对施工图中采用的绿色建筑技术措施进行审查。能耗模拟合格，并且通过技术审查的，核发《建设工程规划许可证》。

在施工阶段，依据生态城绿色建筑施工相关规范进行管理。

在验收阶段，再次根据竣工图进行能耗模拟，同时对建设项目进行现场检查。能耗模拟合格，并且通过验收审查的，核发《建设工程规划验收合格证》。

上述审批阶段中，建筑方案、施工图和验收阶段的绿色建筑审查评价工作由于技术性较强，由第三方评价机构进行评价（图 2-4）。

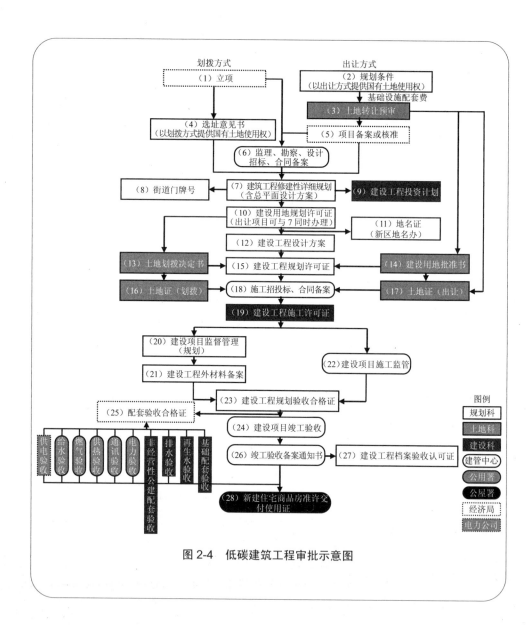

图 2-4　低碳建筑工程审批示意图

案例　北京长辛店生态城管控机制

▶管理平台与体制环境

本项目由于不是一个通过园区/新城管理委员会实施建设的模式，规划建设管理是按照现有的城市规划与土地使用权出让的管理体制进行，主要是由北京市规划委员会丰台分局负责，其管理权限源于北京市规划委员会。另外，丰台区政府也成立了由 9 家单位共同组成的管理实施平台，协调规划建设实施，包括：丰台区发展与改革委员会、丰台区住房与城乡建设委员会、丰台区市政市容管理委员会、丰台区园林绿化局、丰台区国土资源局、北京市城市规划设计研究院、北京万年长兴置业有限责任公司（生态城一期）、丰台区城市建设综合开发公司、北京恒盛宏大道路投资有限公司。

▶政策环境

丰台区长辛店生态城的实施政策环境与其他的生态城有所不同，整个实施的机制与政策都是基于现有的法定规划建设和土地开发出让管理体系，并没有任何如上述太湖新城的特殊法令或如天津生态城的管理委员会得到的政策权力。如果建设单位希望得到政策支持，只可以依靠北京市市级层面的政策手段和激励，比如可以依据《北京市节能减排奖励暂行办法》，按照《北京市节能减排专项资金管理办法》有关规定设立节能减排奖励资金等。

▶控制指标的实施与审批流程

正如上文提到，低碳生态规划设计要求是通过法定的《丰台区长辛店生态城规划》实施，具体是把指标在用地层面规划图则中说明，指标分为常规控制性指标和生态控制性指标。其中生态控制性指标共有 10 项，生态指导性指标共 5 项。

由于生态控制性指标纳入法定规划内容，它们的实施受到城乡规划法的法律法规保障，给地方政府管理部门一个十分重要而基本的管理权力，给予后来在土地使用权出让过程中的规划条件也提供了明确的依据。本项目的规划建设管理是按照现有的审批流程和"一书两证"的批示，生态指标被定位土地使用权出让合同内规划条件的附件，具体实施不是一定全纳入"一书两证"流程（图 2-5）。

因此，长辛店生态城的低碳生态指标要求在实施阶段主要是依赖土地使用权出让合同的法律效力。在招标文件中与北京市土地整理储备中心签发的建设项目规划条件中，生态城的规划相关要求被作为附件，包括生态控制与引导、城市设计导则。其中，生态控制与引导包括 10 项生态控制性指标以及 5 项生态引导性要求，与《丰台区长辛店生态城规划》所列的指标要求相一致。

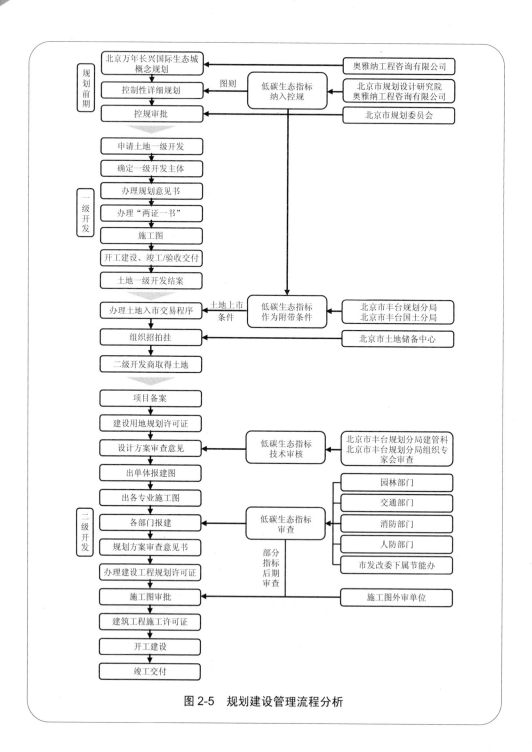

图2-5 规划建设管理流程分析

2.4 低碳社区案例

由于我国低碳社区试点建设工作处于起步阶段，目前大部分社区处于探索过程，本研究选取的案例其中"江苏苏州吴郡社区"是按照《低碳社区试点建设指南》要求开展低碳社区建设，其他案例则在《低碳社区试点建设指南》发布前开发建设，吴郡社区在开发过程中具有低碳社区的开发理念，所以作为案例分析提供参考。

2.4.1 江苏苏州吴郡社区

吴郡社区位于江苏省苏州吴中太湖新城东部，苏州湾大道以东、环湖西路以西部分，规划图如图 2-6 所示。吴郡社区占地 84.9 万平方米，规划人口 2.2 万人。

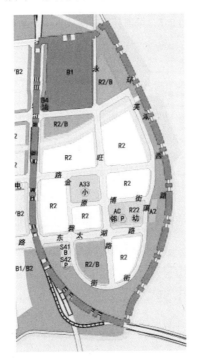

图 2-6　吴郡社区规划图

吴郡社区建成后将排放总计 15.3 万吨二氧化碳，其中建筑系统排放 12.05 万吨，占比 78.65%；交通系统排放 2.76 万吨，占比 18.02%；固体废弃物处理将排放 3 544.2 吨，占比 2.28%；给水系统及污水处理将排放 1 590.9 吨，占比 1.04%。如图 2-7 所示。

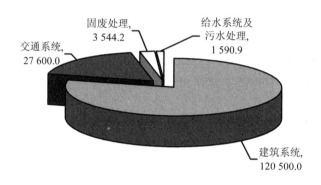

图 2-7　吴郡社区碳排放结构示意图

1. 社区规划

根据《指南》提出的新建社区应达到 20%碳减排目标，结合吴郡社区碳减排潜力分析，吴郡社区提出到建成后，实现碳减排总量超过 5 万吨，确保碳排放量相比基准情景下降 30%以上，力争达到 40%。

各系统低碳生态目标包括：①建筑系统减排 3.15 万吨以上；②交通系统减排 1.6 万吨左右；③固废处理减排 2 000 吨以上；④给水系统及污水处理减排 55 吨以上；⑤可再生能源冲销 1 000 吨以上；⑥社区建立低碳化运营管理体系；⑦再生水回用量达到 15 万吨以上，餐厨/厨余垃圾实现资源化利用。

除低碳生态目标外，还将打造一个职住平衡、安全慢行、便民宜居的全国性示范社区，并根据《指南》，建立了相应的建设指标体系，具体如表 2-2 所示。

表 2-2　吴郡社区低碳试点建设指标体系

一级指标	二级指标	指标性质	目标参考值	规划指标	指标来源
碳排放量	社区二氧化碳排放下降率	约束性	≥20%（比照基准情景）	≥30%	低碳社区实施方案
空间布局	建设用地综合容积率	约束性	1.2～3	2.755	控规
	公共服务用地比例	引导性	≥20%	21.58%	控规
	产业用地与居住用地比率	引导性	1/3～1/4	0.253	控规
绿色建筑	社区绿色建筑达标率	引导性	≥70%	100%	苏州吴中太湖新城建筑节能和绿色建筑示范区实施方案（论证版）20140905
	新建保障性住房绿色建筑一星级达标率	约束性	100%	社区无保障性住房	—
	新建商品房绿色建筑二星级达标率	约束性	100%	100%	苏州吴中太湖新城建筑节能和绿色建筑示范区实施方案（论证版）20140905
	新建建筑产业化建筑面积占比	引导性	≥2%	2%	—
	新建精装修住宅建筑面积占比	引导性	≥30%	30%	苏州吴中太湖新城建筑节能和绿色建筑示范区实施方案（论证版）20140905
交通系统	路网密度	约束性	≥3 km/km^2	6.19	控规
	公交分担率	约束性	≥60%	70%	绿色交通专项规划
	自行车租赁站点	约束性	≥1 个	4	绿色交通专项规划
	电动车公共充电站	约束性	≥1 个	1	绿色交通专项规划
	道路循环材料利用率	引导性	≥10%	10%	—
	社区公共服务新能源汽车占比	引导性	≥30%	2030 年达到80%	绿色交通专项规划

一级指标	二级指标	指标性质		目标参考值	规划指标	指标来源
能源系统	社区可再生能源替代率	约束性		≥2%	规划地源热泵系统,可达4%	
	能源分户计量率	约束性		≥80%	100%	能源专项规划
	家庭燃气普及率	约束性		100%	100%	能源专项规划
	北方采暖地区集中供热率	约束性		100%	不受限制	
	可再生能源路灯占比		引导性	≥80%	90%	
	建筑屋顶太阳能光电、光热利用覆盖率		引导性	≥50%	50%	
水资源利用	节水器具普及率	约束性		≥90%	100%	水资源专项规划
	非传统水源利用率		引导性	≥30%	19%	建议开发商建设中水回用设施11%
	实现雨污分流区域占比		引导性	≥90%	100%	
	污水社区化分类处理率		引导性	≥10%	10%	建设污水就地处理和循环利用设施
	社区雨水收集利用设施容量		引导性	≥3 000 m³/km²	建设3 000m³	
固体废弃物处理	生活垃圾分类收集率	约束性		100%	100%,设置生活垃圾分类收集箱	固体废弃物专项规划
	生活垃圾资源化率	约束性		≥50%	50%,引进专业的垃圾分类处理公司	
	生活垃圾社区化处理率		引导性	≥10%	10%,引进专业的垃圾分类处理公司	
	餐厨垃圾资源化率		引导性	≥10%	10%,引进专业的垃圾分类处理公司	固体废弃物专项规划
	建筑垃圾资源化率		引导性	≥30%	30%,引进专业的垃圾分类处理公司	固体废弃物专项规划

一级指标	二级指标	指标性质		目标参考值	规划指标	指标来源
环境绿化美化	社区绿地率		引导性	≥8%	30%	苏州太湖新城启动区首批上市地块规划指标与实施指南（新）20140822
	本地植物比例	约束性		≥40%	90%	
运营管理	物业管理低碳准入标准	约束性		有	有	
	碳排放统计调查制度	约束性		有	有	
	碳排放管理体系	约束性		有	有	
	碳排放信息管理系统		引导性	有	有	
	引入的第三方专业机构和企业数量		引导性	≥3 个	5	
低碳生活	基本公共服务社区实现率	约束性		100%	100%，引进专业的低碳物业公司	
	社区公共食堂和配餐服务中心	约束性		有	有	
	社区旧物交换及回收利用设施	约束性		有	有	
	社区生活信息智能化服务平台	约束性		有	有	
	低碳文化宣传设施	约束性		有	有	
	低碳设施使用制度与宣传展示标识		引导性	有	有	
	节电器具普及率		引导性	80%	100%	水资源专项规划
	低碳生活指南	约束性		有	有	

2. 社区建设内容

根据上述目标，结合吴郡社区实际，我们分析得到吴郡低碳社区相关目标实现的路线图如图 2-8 所示。

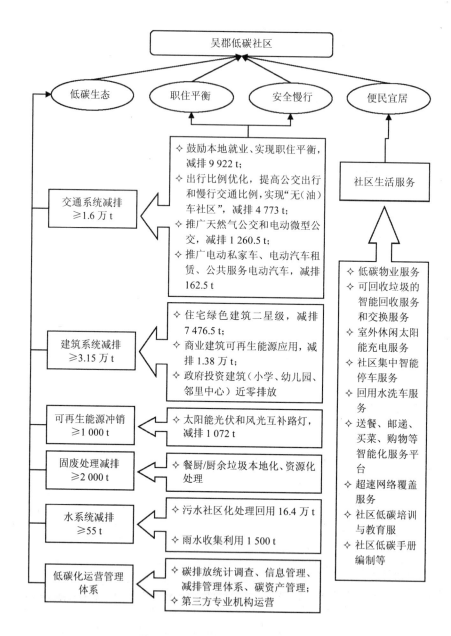

图 2-8　吴郡低碳社区实现路线图

1）建筑系统减排

吴郡社区所有建筑均按照二星级以上绿色建筑标准建设。考虑住宅绿色建筑二星级标准，可实现碳减排量 7 476.5 吨；考虑商业建筑采用地源热泵系统，可实现碳减排量 13 767 吨；对吴郡社区小学、幼儿园、邻里中心采用地源热泵等可再生能源技术，可实现碳减排量 10 280 吨，在此基础上，进一步优化吴郡社区小学、幼儿园以及邻里中心的被动式建筑设计策略，可实现近零排放。

综上所述，低碳情景下，吴郡社区建筑系统可实现碳减排超过 3.15 万吨。

2）交通系统减排

交通系统减排主要从四个方面考虑：一是在就业结构上，考虑未来吴郡社区将基本实现职住平衡，即社区内适业人口与吴中太湖新城内的就业人口的比例在 0.8～1.2，基本实现本地就业，因此，将大大减少因区外工作而产生的交通需求和交通排放，可实现减排 9 922 吨；二是在居民出行结构上，考虑私家车、轨道交通、公交车和慢行交通的出行比例从基准情景下的 3∶2∶3∶2，优化为低碳情景下的 1∶2.5∶4∶2.5，即增加公交出行和慢行交通比例，减少私家车出行比例，考虑实现"无（油）车社区"，即除电动汽车之外，传统汽车将禁止进入社区，将大大提升社区居住舒适度和安全性，可实现碳减排 4 773 吨；三是大力推进天然气公交车和电动微型公交车，分别替代一半的柴油公交车，可实现碳减排量 1 260 吨；四是推广电动小汽车、电动汽车租赁和社区公共服务电动汽车，实现替代 10% 的传统小汽车，可实现碳减排量 163 吨。

综上所述，低碳情景下，吴郡社区交通系统可实现碳减排超过 1.6 万吨。

3）可再生能源冲销

在适宜建筑屋顶推广太阳能光伏发电并网系统和风光互补路灯，冲销部分碳排放量。吴郡社区内相关建筑屋顶的太阳能光伏利用面积如表 2-3 所示。

表 2-3　太阳能光伏利用及减排量

太阳能光伏利用范围	利用量	实现减排量/t
永旺梦乐城	600 m²	
邻里中心	2 000 m²	
小学	3 600 m²	
幼儿园	900 m²	1 050
公交场站光伏	3 000 m²	
公共停车场光伏	3 000 m²	
风光互补路灯	74 根灯杆	22

因此，如表 2-3 所示，在低碳情景下，太阳能光伏利用可实现碳减排量将超过 1 000 吨。

4）固体废弃物处理减排

这里的固体废弃物重点是指餐厨或家庭厨余垃圾处理，通过餐厨/厨余垃圾的社区化、资源化处理，一方面可以减少餐厨/厨余垃圾运输过程中所产生的能耗和碳排放；另一方面通过好氧堆肥、厌氧发酵等资源化处理工艺，大大减少了在基准情景下因焚烧和填埋所产生的碳排放，而所产生的肥料可以就地用于家庭绿植栽种需要。

综上所述，低碳情景下，吴郡社区固体废弃物处理可实现碳减排 2 000 吨以上。

5）给水系统及污水处理减排

在不考虑社区化污水处理工艺和大型集中式污水处理工艺的碳减排差异的前提下，给水系统及污水处理减排主要体现在两个方面：一是社区化污水处理及回用 16.4 万吨，替代相应的给水量所产生的碳减排量；二是社区雨水回用 1 500 吨，替代相应的给水量所产生的碳减排量。共计碳减排 57 吨。

除减排效益外，社区化污水处理还能降低污水管网铺设成本、缓解集中式污水处理能力不足等问题，雨水回收利用可以降低雨水径流污染和径流峰值，有利于社区水系统的健康循环。

6）社区低碳化运营管理体系

建立碳排放基础情况摸底调研和统计机制，在社区逐步建设和建成投运时，同步推行覆盖吴郡社区各类主体的碳排放管理体系，制定相应的碳排放运营管理制度，对碳排放强度指标、碳排放调查统计覆盖率、信息系统服务覆盖率、垃圾分类收集率、垃圾资源化利用率等重点低碳运营指标进行监管。推动入驻社区的企事业单位和住宅小区物业单位、供热和供电部门设置碳排放管理岗，负责社会单位和住宅小区等碳排放单元的日常低碳管理工作。

统筹建立全社区层面的能源资源信息管理系统和社区能源管控中心，实现对社区内重要建筑的能耗进行分项计量，加强对社区内用能单位能源活动过程主要能耗设备的温室气体排放监测，并与太湖新城及吴中区能源数据统计中心联网。安装自动控制设施，对社区内的公共设施进行智慧管控。

鼓励采取市场化方式、引入专业公司进行运营管理，试点推行合同能源管理和第三方环境服务等模式。鼓励第三方专业企业在试点社区开展充电桩、自行车租赁服务；鼓励专业垃圾处理单位对社区废弃物进行有偿回收，按市场化方式运营厨余垃圾；鼓励引导物业单位和社区企业开展社区内蔬菜配送、餐饮配送、洗衣便民配送等生活性服务。

7）社区生活服务系统优化

从社区居民角度出发，推行低碳物业服务。建立可回收垃圾的智能回收服务体系和居民交换服务平台；在东太湖大堤公共服务设施，如公共卫生间、大堤休息亭、公交站台等处安装太阳能智能充电系统，满足居民室外休闲娱乐的手机、电脑等充电需求；为了建设"无（油）车社区"，在社区周边建设集中式立体、智能停车场，方便居民停车及取车；回用水在冲洗道路、灌溉绿化的同时，提供自助式洗车服务，降低居民洗车成本，提高回用水利用率；建立送餐、邮递、买菜、购物等智能化一站式服务平台，大大加强居民生活便利程度；建立超速网络基础设施，提升居民信息化可利用程度；加强社区低碳培训与教育服务，编制社区低碳服务手册，提升居民低碳意识（表2-4）。

表 2-4　吴郡低碳社区建设相关重点工程表

工程编号	重点工程名称	建设内容	建设布局
1	近零排放小学工程	优化建筑被动式设计，采用地源热泵、太阳能热利用等技术，实现近零排放	小学
2	近零排放幼儿园工程	优化建筑被动式设计，采用地源热泵、太阳能热利用等技术，实现近零排放	幼儿园
3	近零排放邻里中心工程	优化建筑被动式设计，采用地源热泵、太阳能热利用等技术，实现近零排放	邻里中心
4	建筑太阳能光伏工程	在公共服务类建筑、公交场站、公共停车场等建设太阳能光伏发电并网系统	1. 永旺梦乐城、邻里中心、小学、幼儿园屋顶光伏； 2. 公交场站光伏、公共停车场光伏 3. 风光互补路灯
5	新能源公交车工程	推广天然气公交车和电动微型公交车	社区发出公交
6	电动汽车推广工程	推广电动小汽车、电动汽车租赁、公共服务汽车电动化等	社区居民、社区公共用车
7	充电站/桩建设工程	配套电动汽车推广，建设充电站或充电桩，并与可再生能源发电相结合	苏震桃加油站、公交场站、社会停车场、各小区停车设施
8	立体停车楼建设工程	综合考虑实用性和观赏性，建设自行车立体停车系统；推动无车社区建设，在社区周边建设汽车立体、智能停车系统	社会停车场、环湖西路休闲带
9	餐厨/厨余垃圾本地化处理工程	采用好氧堆肥、厌氧发酵等资源化处理方式，实现社区化处理，并将处理产品用于社区绿植栽培	雨水回用设施周边
10	社区化生态水处理回用工程	建设埋地式污水社区化处理回用系统	雨水回用设施周边
11	海绵社区建设工程	建设雨水收集池、雨水湿地等海绵城市基础设施	东抢港河道、芙蕖街、金碧街
12	低碳社区运营管理体系建设工程	包括信息调查、管理体系、信息平台与管控中心、第三方运营管理服务等	邻里中心

工程编号	重点工程名称	建设内容	建设布局
13	环湖西路太阳能手机充电站工程	作为便民服务设施之一，在公共服务设施，如公共卫生间、大堤休息亭、公交站台等处安装太阳能智能充电系统，满足居民室外休闲娱乐的手机、电脑等充电需求	环湖西路休闲带
14	回用水自助洗车工程	利用现有雨水收集系统，建设自助式洗车系统	雨水回用设施周边
15	低碳社区生活服务信息化系统工程	为社区可回收垃圾的回收、交换，餐饮、邮递、买菜、购物、电商、洗衣、养老等建立信息化一站式服务平台及场所	邻里中心

部分重点工程的布局如图 2-9 所示。

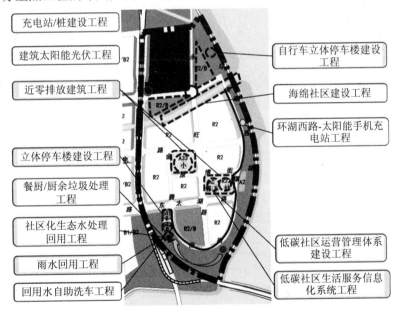

图 2-9　部分重点工程布局示意图

经初步投资估算，吴郡低碳社区建设将在基准建设成本基础上新增 1.5 亿～2 亿元成本。

按每年碳减排 5 万吨、碳资产价格 80 元/吨计算，预计吴郡社区建成后每年产生的碳减排收益将达到 400 万元；因节水和减少管网敷设所带来的潜在收益将达到年均 100 万元左右。

另外，由吴郡社区各专项领域低碳建设带来的各级财政资金专项补助也将弥补一定的建设投资。最后，由吴郡低碳示范社区还将可能带来一定的间接效益。综合来看，吴郡低碳社区建设的投资回收期将在 10～15 年。

2.4.2 杭州万科良渚文化村

万科良渚文化村位处杭州西北部和余杭区中部，由 3 个旅游中心区和多个居住村落组成，距离杭州约 20 千米，50 分钟车程，整体占地 10 000 亩（1 亩=1/15 公顷），属于万科"非标准"新市镇产品实践，是集自然生态保护、休闲旅游、居住、经济文化为一体的新田园小镇（图 2-10）。总占地面积约为 10 000 亩，规划房地产开发用地约 5 000 亩，总建筑面积 340 万平方米，住宅 230 万平方米，公建 50 万平方米，旅游服务配套 70 万平方米，容纳 3 万～5 万常住人口（表 2-5）。

图 2-10　万科良渚文化村区位示意图

表 2-5　万科良渚文化村基本信息表

概况	拥有 8 个串联式主题村落，包括白鹭郡北（售罄）、竹径茶语（售罄）等，有公寓、排屋、别墅等多样产品类型，白鹭郡东（售罄）、白鹭郡南（在售）、阳光天际（在售）、白鹭郡西（规划中）、绿野花语（规划中）以及金色水岸（规划中）是目前万科在全国范围内规模最大的项目
位置面貌	位于良渚镇绕城公路与 104 国道交界处。坐落于杭州市中心半小时生活圈内，距离杭州市中心 16 公里，距离良渚遗址保护区 2 公里
开发商	万科
资源状况	万科·良渚文件村基地拥有 25 座山、3 片湖泊、1 条河流，五大主题公园……构成了一个在国家 AAAA 级景区的居住、度假胜地。项目近 5 000 亩非可建用地（含山体）主要用于各种生态公园及配套性项目开发建设，同时增设各种旅游休闲设施
开盘时间	白鹭郡北、竹径茶语、白鹭郡东、白鹭郡南、阳光天际在 2005—2008 年相继开盘
物业形态	多层洋房、公寓、联排，此外还有回迁区。良渚文件村的主流产品，低层低密度的公寓和别墅（排屋）等
入住情况	目前已入住约 10 000 人，5 000 户

1. 社区规划

良渚文化村的核心构架是"二轴二心三区七片"：二轴是以文化村东西主干道和滨河道路串联主题村落，二心是东西分别设旅游中心区和公建中心区，三区是分别设立核心旅游区、小镇风情度假区和森林生态休闲区，七片是分布在山水之间的主题居住村落（图 2-11）。

以风情大道作为主轴，所有的重点配套及居住组团分布道路两边。整体规划理念贯入 3 个关键词："原生态、步行尺度、建筑多元化"，整个区域在不牺牲环境的前提下发展，让建筑与建筑、建筑与环境有机联系，并预留了城镇发展的弹性空间。

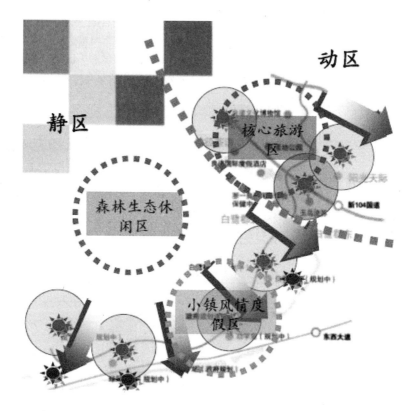

图 2-11　良渚文化村低碳规划示意图

2. 建设内容

1）文化设施

　　良渚博物院占地 4 万余平方米，建筑面积约 1 万平方米，位于良渚遗址旁，与美丽洲公园共同组成了 808 亩的"大美丽洲"，旅游中心区是一个集展示、研究、信息交流为一体的综合性展示场所（图 2-12）。内设 3 个常规展厅（"发现求真""良渚古国"和"良渚文明"）、1 个临时展厅以及文物专用库房和为公众开放的休闲场所等功能区块。馆内围绕"良渚之谜"和"良渚玉文化"的主题，展示 5 000 年前良渚先人的风土人情、自然生态、生活劳作、祭天礼地等各个方面的资料，是国家四大博物院之一，目前展示物品主要为二类文物。

图 2-12　良渚博物院外观图

2）商业设施

酒店度假——白鹭湾君澜度假酒店。整体设计古朴典雅，气势宏伟，临湖而建的庭院式建筑主体分为连绵而成的 10 个区，环绕在丘陵绿地和湿地湖泊之中，营造出人文与自然生态景观融合的氛围，为来自世界各地的尊客提供高品质的休闲度假享受（图 2-13）。酒店拥有雍容华贵的超大客房 312 套，多个中西式餐厅可同时容纳 1 000 人就餐，960 平方米的大型多功能厅和其他大小会议室十余个，设施先进的室内外游泳池、壁球馆、健身房、棋牌房、垂钓区、烧烤区、婚庆广场、户外拓展、精品廊等，使这里成为高品质的商务、休闲、度假胜地。酒店具备了会议会展、旅游观光、休闲度假、健身娱乐、疗养康复、社交商务等多种功能。

图 2-13　白鹭湾君澜度假酒店外观图

创意产业——玉鸟流苏。它是创意良渚基地的主要产业集聚区。该街区地块类型类似鸟状，总占地 186 111 平方米，规划建筑面积为 4.6 万平方米，将打造成良渚文化村第一大商业中心。玉鸟流苏共有 5 种空间模式，分为主干道街区、缓坡地生态街区、井与流水街区、娱乐区和预留生态区。

良渚食街：位于玉鸟流苏商业街西南端，2010 年 8 月 9 日正式开街，营业面积约 1 600 平方米，食街整体的建筑特色，田园、简约、环保而不乏时尚气息。食街由亲切怀旧的"村民食堂"和多种风味集合的"小食汇"共同组成。

村民食堂配备了天然简洁的原木桌椅、烧刻菜牌、搪瓷及竹制餐具等，精心烹制了石磨豆浆、放心油条、家香烧饼、家常口味的"妈妈菜"等。

小食汇则集合各有特色的风味小吃，有小包子、大讲究的"甘其食包子店"，民间秘制、风味独特的"老郑盐蘸牛肉"，传奇杭儿面、汤浓味鲜的"忠儿面馆"，陕西地道小吃、肉香面劲的"老杨肉夹馍"，特色中式快餐"吃的故事"，中华名点、皮滑馅润的"宁波汤圆"，台湾时尚茶饮"果麦奶茶店"。

玉鸟市场：是良渚配套的 2010 年"1 号"重点工程。该市场位于玉鸟流苏 K372 路公交总站北侧、良渚食街东侧，规划用地约 3 200 平方米，建筑面积约 1 080 平方米，2011 年上半年投入使用，按星级文明规范市场标准建设成一个花园式的一流农贸市场，并将由杭州顶级的市场管理品牌负责管理。市场将包括各类品牌食品、水产、蔬菜、肉类、活禽、豆制品、粮油、干货调味、熟卤、水果，按规划能够满足 1 万～3 万人的日常消费采购。

3）医疗设施

小镇的医疗保健中心，由两个部分组成，一个是浙医一院良渚分诊部，于 2009 年 12 月开业，位于杭州余杭区良渚文化村随园嘉树一期，是浙江大学医学院附属第一医院的全资直属分支机构，约 2 000 平方米，设有内科、外科和口腔科。浙医一院还为良渚门诊部门专门配备了救护车，遇到危重病人可直接经由绿色通道转诊浙医一院本部。

另一个是数研院，由数字医疗卫生技术研究院和浙医一院、万科三方合作共建，致力于在良渚建设"中国首个数字化健康服务示范社区"。

4）教育设施

良渚文化村里的配套基本上都是杭州一等一的，配套较为成熟。

中小学是安吉路学校，是杭州排行前三甲，是全国百强的院校，九年义务制，2010 年建成，并于 2010 年 9 月正式开学；

学校总占地面积 160 余亩，目前，一期项目约 100 亩用地、3.6 万平方米的校舍已经建造完成，可容纳 36 个班的办学规模，拥有教学行政楼、实验图书楼、风雨操场（室内体育馆）、音体教室、300 米塑胶跑道田径场、室外篮排球场、食堂楼、宿舍楼等完备的功能。学校面向全省招生，良渚文化村业主的子女享有入学优先权。

目前引进的幼儿园有 2 个：一是和杭师大联合的幼儿园叫玉鸟幼儿园，地处玉鸟流苏商业街，2009 年 9 月开始招生，环境优美，设施配套起点较高。本幼儿园为浙江师范大学杭州幼儿师范学院的实验基地，引进了双语教学模式。还将引进另一个幼儿园是爱尔堡幼儿园，隶属美国哈佛爱尔堡教育机构。

5）交通设施

设立了公交巴士、社区巴士（往返市区）、小区循环巴士等，出行便利。

公交车：目前有 4 辆公交车（390 路、491 路、389 路、K372 路）通往市区，运行时间最早为 5：20，最晚到 22：40，票价 1～3 元不等。

社区巴士：从良渚到武林广场，每天 18 趟往返。

绕村公交线：在小区内行驶的 491A，每天从早上 6 点开始，到 20：30 结束，绕小区一圈大约 25 分钟，班车数量一天达到 20 班车；同时，为了保证居民休息，早上 8 点前和晚上 8 点后，公交车停止语音报站；491A 线公交车是开发商万科跟余杭公交合作的一条线路，票价 1 元。

自驾车出行：小区距离杭州约 20 公里，开车约 50 分钟车程，通过新老 104 国道、东西大道以及绕城公路（毗邻杭宁、沪杭高速主出入口），可便捷到达市中心、城西乃至长三角。

村民自行车系统、三轮车服务，自行车系统 2010 年 12 月投入使用。

3. 低碳文化生活

1）村民公约

良渚在配套成熟的同时，推出村民公约，构建和谐小镇，创建大家所认可的社区文化，实现价值的不断提升。

2009 年，为了保证良渚文化村整体品质随着建设同步提升，万科启动提升素质、倡导文明、制定规范的工作，发起村民公约的制定。村民公约是万科主导发起，每一条都是由业主写的，回收率达 93%，再进行多轮筛选，最后选中 26 条，整个文化村打造的就是低密度的 3 万～4 万人的小镇，很安静、和谐，人们在里面是一个自然生长，一个没有"禁止""不得""必须"的条款，也没有任何奖罚措施，只是由小区业主自创的 26 条规约，大家都会遵守（图 2-14）。

图 2-14　良渚文化村村民公约墙

《村民公约》全文

1. 我们乐于参加小镇的公共活动；

2. 邻居见面主动问好；

3. 我们呵护孩子的自尊，在公共场合避免责罚；

4. 孩子之间发生冲突，家长首先教导自家孩子；

5. 邻居长时间不在家时，我们帮助照看，遇有异常，及时告知管理人；

6. 当邻居因房屋维修需要配合时，我们乐于支持和帮助；

7. 我们拾获楼上邻居晾晒时飘落的衣物，妥善保管及时送还；

8. 我们不往窗外抛撒物品，晾晒浇灌防止滴水；

9. 在小镇公共场所，我们放低谈话音量；

10. 在清晨和夜晚，我们主动将室内音响降低；

11. 我们在公共场所衣着得体，讲究礼仪；

12. 我们在乘车、购物时依次排队，尊老爱幼；

13. 节假日我们只在指定地点燃放烟花爆竹，平时燃放征得管理人同意；

14. 婚丧乔迁等传统风俗不妨碍小镇公共秩序、环境；

15. 我们开车进入小镇不得按喇叭，开车窗时将音响声音调低，停车后尽量将车辆防盗装置调整到静音状态；

16. 小镇内我们慢速行车，不开远光灯，主动礼让行人；

17. 我们在指定位置停放车辆，不跨线、压线，且车头朝向规定方向，停车即熄火；

18. 小镇内出行，我们倡导使用自行车、电动车或循环巴士等；

19. 保持公园、游山步道等公共场所的环境整洁，自觉带走废弃物品；

20. 生活垃圾，分类处理；

21. 在小镇公共餐饮场所就餐，我们提倡自备打包餐盒；

22. 购物买菜，我们使用环保袋或竹篮；

23. 家中的闲置物品，在小镇跳蚤市场交易或慈善捐赠；

24. 在公共区域，未经管理人同意，我们不放生、放养动物，栽种植物；

25. 我们为宠物办理合法的证件，定期注射疫苗；

26. 使用牵引带遛狗，自觉清理粪便，不带宠物进入室内公共场所，为具有攻击性的宠物戴上口罩。

2）村民卡

良渚在社区配套生活设施逐步成熟的同时，推出村民卡，便利的同时让村民找到归属感。良渚文化村的社区配套生活设施趋于成熟，开发商又花了 2 个月时间，耗资 170 多万元独创性地推出一卡通服务系统，可以说，这张卡片是对小区成长历程的一次梳理，也让业主找到了更强的归属感。一卡通服务系统于 2010 年 12 月启用。

良渚文化村的业主也将拿到属于自己的村民卡，凭借这张村民卡，业主除了享用免费乘坐业主班车、小镇自行车、小区门禁等小镇优质配套设施，还能享受商家消费折扣，实现小镇生活的"一卡通"。一卡通一年服务费 20 元。使用"村民卡"在万科良渚文化村内可享受 28 个消费网点不同程度的折扣优惠，基本上涵盖了万科良渚文化村的所有商业设施（图 2-15）。

图 2-15 万科良渚文化村村民卡

2.4.3 武汉市百步亭社区

百步亭低碳社区位于湖北省武汉市江岸区，占地 4 平方公里，入住 13 万人。是全国文明社区示范点、全国和谐社区建设示范社区，被评为全国文化先进社区，是荣获首届"中国人居环境范例奖"的唯一社区。2014 年 6 月，在深圳国际低碳城举行的"2014 年低碳中国行低碳榜样"发布会上，武汉市百步亭社区是湖北省唯一一个荣获"低碳中国行—低碳榜样优秀社区"称号的社区。近些年来，百步亭社区积极应对气候变化，降低碳排放强度，探索低碳社区发展持续可行、可以复制的模式，通过建设低碳示范区，增加社区交流平台，促进社区个人参与，开展环境意识教育，最终提升了公民环境意识，推动了低碳城市经济的发展。

1. 社区规划

百步亭社区按照国家节能优先的方针，将建设低碳社区纳入整体建设战略目标，并确立了 4 项内容：一是建设让老百姓买得起、用得好的绿色住宅；二是交通便捷，绿地实用，确保文化教育、医疗保健、商业配套、行政服务等功能保障落实到位；三是降低能源消耗，推行建筑节能；四是建立服务和管理社区的长效运行机制。采用先行先试、先投入后享用的方针推行战略目标的实施，最终创建充分融合绿色科技与人民共同参与分享的和谐社区。在此方针的指导下，2011 年 8 月，百步亭社区被批准为湖北省第一批低碳试点示范社区。2013 年 11 月，被确定为中法温室气体排放试点评估项目试点单位。

2. 建设内容

1）低碳节能方式

地源热泵式中央空调系统；人工强化湿地循环过滤与水生植物修复生态污水处理技术；楼道、电梯、地下车库照明全部采用 LED 灯；景观采用太阳能草坪灯；太阳能灭蚊器；居民家庭玻璃使用隔热太阳膜。其中的地源热泵式中央空调系统是华中地区少有的住宅应用项目之一。百步亭花园现代城小区"资源节约和环境友好"的两型社会建设示范点的地源热泵式中央空调系统提供冷、暖两季的空调服务，服务面积 4.8 万平方米，服务用户 413 家。现代城地源热泵式中央空调系统主要分 3 部分：十二口全封闭取、回水深井，三台高效螺杆水源热泵机组和末端风机盘管系统，由于技术先进，更加高效节能环保。

2）绿色交通系统

首先，建立方便、快捷的多层次公共交通系统，即提倡方便换乘的公交优先管理系统，并限制小汽车的使用，并推广节能、环保、美观的生态小汽车。其次，推广慢行交通系统，即建立安全、完整的低碳出行的自行车道和人行道。最后，发展智能交通系统，即利用当代高新技术，电子、通信、计算机、GPS 等，来提高交通系统的有机联系，降低运输成本，提高运输效率。

3. 低碳文化生活

社区内没有传统的政府管理机构，没有街道办事处，社区打破了层级管理，形成了一种"建设、管理、服务"三位一体的社区管理模式。百步亭社区是一个"党委领导、政府指导、企业主导"下融开发、管理、服务于一体的新型社区。社区形成了"党的领导"，党委成员主要由政府职能部门、社区经济组织和社区自治组织的党员负责人兼任，百步亭集团的总经理担任社区党委书记，开发公司的两位副总经理担任社区党委副书记，物业公司负责人、居民代表和政府下派的职能人员各 1 名，组成了 6 人的社区党委，充分发挥了社区党组织系统的核心作用。社区管委会在社区党委领导下开展工作。和传统社区管理体制不同，百步亭社区成立了全国第一个没有街道办事处的社区管委会，管委会是社区指导协调机构，是一个带有部分行政职能的社区自治组织，在区政府的授权下，通过社区服务中心直接履行政府的部分职能。

2.4.4　瑞士苏黎世 2 000 瓦社区

随着全球气候变暖，地球能源耗竭，苏黎世联邦理工学院的科学家给出了一个使世界不再恶化的人均能源消耗底线：2 000 瓦特。这个模型指的是若全球想维持一种可持续发展的合理能源供应，控制全球气候变暖增加的速度，那么人均能源消耗的底线在 2 000 瓦特。而这也就是瑞士新型社区——"2 000 瓦社区"概念的由来。

1. 社区规划

人均能源消耗控制在 2 000 瓦特以内，即相当于每人每年最多耗电 17 520 千瓦时，在房间里同时点亮 10 盏 200 瓦的灯泡，一天下来，它将消耗 48 度的电，一年，也就是 17 520 度（1 度=1 千瓦时）。瑞士的人均在 5 270 瓦，"2 000 瓦"的概念，对于瑞士而言，相当于其 20 世纪 60 年代的耗能水平。

位于苏黎世的 Kalkbreite 社区就是这类先锋社区的代表之一，其所在地前身是废弃的铁轨和城市电车车站（图 2-16）。2014 年，在建筑公司 Müller Sigirst 的设计改造下，可容纳 250 名住户的 97 套公寓填补了此处的空地，并与周边的零售店面及写字楼相融。

从外表看，住宅大楼与普通公寓并无特殊差别，大楼周边交通繁忙，电车铁轨交错，这里曾经一度因为吵闹而被认为不适宜建设住宅区。直到一群致力于可持续发展的先锋市民和住房专家在这里划出了 8 万平方英尺（1 平方英尺≈0.093 平方米）的住宅面积，去构建一个类似"乌托邦式"的畅想，实现"2 000 瓦"的生活目标。

图 2-16　苏黎世 Kalkbreite 社区外观图

2. 建设内容

一是清洁能源使用：尽可能地使用清洁能源，如太阳能、地热等。到 2050 年，我们的一个目标是将化石燃料能源的使用量降低到 0。

二是交通出行方式：在 Kalkbreite 社区，每一个住户在签订合同时，就包含了一项强制性条款——不允许拥有车，自然，Kalkbreite 社区也没有一个停车位，鼓励乘坐公共交通工具。

3. 低碳文化生活

Kalkbreite 社区强调居民之间的共享生活方式，具体包括以下两点：

一是社区内拥有公共的厨房、公用的画室、瑜伽室、阅览室等，9 户人家共同使用；顶楼的平台还有一个菜园（图 2-17）。

图 2-17　苏黎世 Kalkbreite 社区的共享蔬菜棚

二是社区内设置有"跳蚤墙",在这面墙上,贴满了不同颜色的矩形条,"平底锅""水壶""台灯"……你能在每一块色条上找到他人不再需要的物品,然后根据上面留下的房间号和姓名,直接上门免费索要(图 2-18)。

图 2-18　苏黎世 Kalkbreite 社区的共享信息墙

2.4.5 奥克兰地歌生态社区（Earthsong Eco-Neighbourhood）

Earthsong Eco-Neighbourhood 是新西兰第一个生态社区，它位于奥克兰西南方向的怀塔其亚市（隶属于奥克兰行政大区），距奥克兰市中心约 20 公里。最初设想由 Robin Allison 等人于 1992 年提出，原意就是要联系一些环保主义者在奥克兰附近建设一个属于自己的生态社区，通过几个发起人自己筹资和银行贷款，工程于 2000 年 11 月动工，发起者同时给它起了一个形象的名字"地球之歌"。这个生态社区的一期工程共计 17 个联体住宅已于 2002 年年初完工并很快住满了居民（除了社区的发起者和响应者居住外，多余的房子向外出售）。

1. 社区规划

提出的可持续社区的 9 个主要特征：①绿化城市；②水及排水；③废弃物减量回收；④能源效率高且可予更新；⑤大气改变与空气品质；⑥运输规划与交通管理；⑦土地使用与都市形式；⑧住宅与社区开发；⑨社区经济发展来考虑。

2. 社区建设内容

1）建筑节能

Earthsong Eco-Neighbourhood 社区中，所有住宅北向（奥克兰在南半球，北向为朝阳方向）均设计了法式落地窗，外部增加了木制的花架；利用朝阳向开窗或太阳房来接纳阳光以满足冬季采暖需要，同时通过外遮阳设施在夏天过滤掉多余的热量，最终的目的是减少室内采暖和空调设备的使用以节约能源；太阳能热水器同样在这个社区得到普遍应用，为了减少使用热水所带来的额外能源消耗（图2-19）。

采用了冲压捣土墙的外墙体系，因捣土墙对温度变化的稳定性，使其室内冬暖夏凉。这并非一项新技术，只是逐渐被许多新的材料和技术所代替，人类在探索先进的建筑技术的同时，常常忽略了一些曾被实践过许多年的造屋技术，尽管它们中的一些是非常行之有效的。图 2-20 所示的是正在施工中的冲压捣土外墙。

图 2-19　外部增加了木制花架的法式落地窗

图 2-20　生态社区墙体施工

因考虑到经济因素，光生伏打电池技术在这个社区还未被采用，但所有住宅的屋面部分已经预设了电缆接口，以便将来安装光生伏打电池板的可能性。

除了以上的具体技术之外，人为方式提高节能的途径在社区内被广泛宣传，如建议住户选择节电效率高的家用电器和灯具等。

总之，通过以上这些办法，Earthsong Eco-Neighbourhood 生态社区的建筑节能收到了良好的效果，社区电能消耗的调查报告（2002 年 7 月 1 日—2003 年 6 月 30 日的年度统计）显示社区住户人均电能消耗是奥克兰人均水平的 42%。

2）节水

虽然奥克兰并非一个缺水的城市，但 Eco-Neighbourhood 生态社区对节水（主要通过利用雨水）方面做了可贵的尝试。

奥克兰地区没有污染性的制造生产企业，这里的雨水足以达到饮用标准，甚至在某些方面优于市政供水，例如市政供水管网过长而可能繁生出的氯、氟等化学物质。在 Eco-Neighbourhood 生态社区中，每 6 家共用一个用于收集储存雨水的混凝土大罐（图 2-21），每个罐子的容积为 7 000 加仑。落于屋面的雨水流入落水管再经预埋在地下的聚丙烯管道流入这些储水罐，在每个罐子的进水口都有过滤网以便清除雨水中的杂质，在通往住户的出水口加设了反渗透过滤器，为了保证最终的水质，然后通过抽水泵将其送入各家。每个管子的顶部都有溢水口，当雨水储满时多余部分自动溢出。目前，这个社区各住户的沐浴，冲刷卫生间，浇灌花园的用水基本上来自于这些储水罐。当然，每家也都和市政供水管网连接，主要是为了解决饮用水和干旱季节的其他用水。

通过用水管理措施同样可以达到节水目的，有时甚至可使用水量减半。在 Eco-Neighbourhood 生态社区的建造过程中，所有的用水设备均选用了当时奥克兰市场上最节水的品牌，例如：3 升/6 升互换式的冲便器，符合节水 3A（新西兰节水标签）标准，每分钟流量 9 升的可调式水嘴和花洒等。

通过这些措施，在节水方面收到了明显的效果。在 2002 年和 2003 年的雨季，社区所有用水只有 6% 来自于市政管网的供应。

图 2-21　储水罐

3）雨水排放

在 Eco-Neighbourhood 生态社区，没有专设的雨水井，落于地面的雨水全部流入低洼处，一部分被亲水性的植被所吸收，多余的部分流入区内的一个池塘（图 2-22）。这样一来可减少对市政雨水排泄的压力，而且在池塘部分形成了一个小区内的自然水景。所以社区在最初规划时就确立了尽量减少硬化地面的思想，只把区内的小路用水泥铺设，停车场设在小区的边缘，其他大部分公共空间均为绿化地面。所以 Eco-Neighbourhood 生态社区的公共绿地是奥克兰一般社区的 5 倍。

4）建筑材料

建筑材料的选择将和可持续性的诸多方面紧密联系，如减少能源的使用，减少对环境的破坏，提高室内环境质量等。Eco-Neighbourhood 生态社区的墙体结构为捣土墙，这种材料不仅可加强室内的热稳定性，减少人们对机械采暖和空调的依赖，同时它还取自于原产地，易于加工，减少了建筑材料加工和运输所需要的能量，而且，土壤对人体也不会产生影响健康的副作用。室内框架（如梁板）及楼梯、门窗等均选材于新西兰当地出产的松木和大果柏木，木材是一种可再生的材料，新西兰的树种成木期普遍较短，所以木材在这里是一种可持续发展的建筑材料。所有木材只做简单处理，不刷油漆，是为了减少油漆对人体健康带来的危害（图2-23）。

图 2-22　人工湿地

图 2-23　本地木材

5）交通管理

交通对于一个生态社区的可持续性有着深远的影响，这不仅因为交通所使用的能源占所有能源消耗的比重很大，而且产生于交通工具的二氧化碳是引起全球温室效应的根本原因。根据新西兰环保部门的统计，2003 年全新西兰 45%的二氧化碳的排放是由交通工具造成的。同时，私人交通也对社区内人身安全造成了一定的威胁。所以，Eco-Neighbourhood 生态社区的发起者在社区选址时已考虑如上弊端，将其定位于临近主要交通要道，并在火车站 500 米覆盖范围内，这样的目的是提倡人们更多地乘坐公共交通设施，减少对私人汽车的依赖。

社区并未给每家每户提供停车位置，公共停车位也被设于社区入口的边缘，区内道路仅供步行和非机动车使用，这样大大提高了区内住户的交通安全性，也使居民免遭交通噪音和尾气污染的侵害。

为了进一步加强交通的可持续发展，社区已有了新的计划，如即将试行的"共用车计划"（Car-sharing Programme），即搜集各住户的出行计划，同出行方位的人可以共用一辆车，以此来减少区内私人汽车的旅程数。另一个长远的提议也将进行讨论，在社区内尝试使用可充电的小型汽车，而这部分电能来自于太阳能或风能。如果这一计划得以实施，那么小区的交通完全可以做到不需要化石燃料并可以实现二氧化碳零排放。

6）土地规划和绿化

奥克兰是一个人口居住密度很低的城市，每公顷为 23 人，这样势必造成城市的不断蔓延和交通量的增加。Eco-Neighbourhood 生态社区的人口规划密度远高于这一水平，按照现有水准，社区计划安排约 130 人居住，则其密度达 81 人/公顷。

为了减少住户驾车购物和娱乐的频率，社区预留了大约 1/4 的土地为将来建商业和娱乐设施所用，如果资金到位，社区的住户不久将可以步行购物和参加娱乐活动。

Eco-Neighbourhood 生态社区的绿化同样做得很好，除保留社区北部原有的果园和灌木丛（图 2-24），区内处处可见绿色植物（图 2-25）。该区 50%的土地为公共绿地，另有 20%为私人绿地。

图 2-24　果园和灌木丛

图 2-25　公共绿地

3. 低碳文化生活

Eco-Neighbourhood 生态社区不同于奥克兰一般社区还在于其住户完全参与社区的发展，决定社区的重大事项。从 1992 年生态社区设想最初提出，在社区内就采用了一种全部成员利用色卡投票裁决的制度，正是通过这种方式，才决定了社区今天的模式，而且一直沿袭下来，使每个社区成员真正成了社区的主人，社区的每一项设计和变动都要开会通过，社区的设计更加为使用者着想。

第 3 章　低碳设施建设技术

3.1　绿色建筑

绿色建筑是在全寿命期内，最大限度地节约资源（节能、节地、节水、节材）、保护环境、减少污染，为人们提供健康、适用和高效的使用空间，与自然和谐共生的建筑。绿色建筑是低碳社区建设的重要内容，建设中各参与单位协同合作，把握地域性、高效性、协同性、健康化、经济性等绿色建筑实施原则。

3.1.1　指南要求

加强设计管控。根据试点社区相关指标要求，建设单位应从设计、选材、施工全过程严格落实试点社区绿色建筑比重和标准要求。建设单位在进行项目设计发包时，应在委托合同中明确绿色建筑指标、绿色建筑级别、低碳技术应用要求和建筑全生命周期低碳运营管理要求。设计单位应充分考虑当地气候条件，因地制宜采用被动式设计策略，最大限度地利用自然采光通风，合理选用可再生能源利用技术，做到可再生能源利用系统与建筑一体化同步设计，延长建筑使用寿命，降低建筑能源资源消耗。加强对项目设计图纸的审查。支持试点社区进行国内外绿色建筑相关认证。

推行绿色施工。优先选择国家和地方推荐和认证的节能低碳建筑材料、设备和技术，鼓励利用本地材料和可循环利用材料。施工单位参照《建筑工程绿色施工评价标准》，严格做好施工过程节能降耗及环境保护。积极推广工业化和设计装修一体化的建造方式。鼓励开展项目节能低碳评估验收。

3.1.2　技术要点

建设实施中重点考虑室外环境的综合优化、围护结构节能、高效能源系统、高效节水系统、可再生能源综合利用、建筑材料节约利用、室内环境优化等方面。

1. 室外环境的综合优化

建筑的布局及尺度要充分考虑对自身、周边建筑及环境的影响，项目自身获取良好的日照、通风、采光条件的同时，不要对周边住宅建筑产生日照影响。建筑布局应整体规划，与周边建筑、道路等保持良好的呼应姿态。

建筑尽量采用当地适宜朝向布置，考虑通风廊道，有利于夏季"穿堂风"的形成，冬季冷风的遮挡。交通噪声通常是项目的主要噪声源，项目设计建造时要给予考虑。场地内应采用绿地、透水铺装等改善场地热环境的技术措施，改善场地热环境。绿化植物配置应主要选用适合当地生长、易于养护的乡土树种，采用乔、灌、草相结合的复层绿化；条件设置项目宜考虑屋顶绿化、垂直绿化，打造多维度绿化系统。

1）室外自然通风

绿色建筑设计中，建筑布局和场地设计会受到气候、地理位置、自身建筑的形式等多种因素的影响，其中室外自然通风情况是影响建筑布局的重要因素。室外自然通风中主要关注的是场地风速和建筑立面风压。

表 3-1 为场地风速与舒适性关系表，结合其他研究，一般认为场地风速 1～5 米/秒时，场地行人感觉是舒适的；人员活动空间的高度大约在 2 米内，因此《绿色建筑评价标准》（GB/T 50378—2014）中对场地风速提出：冬季典型风速和风向条件下，建筑物周围人行区（高度 1.5 米）风速低于 5 米/秒；过渡季、夏季典型风速和风向条件下，场地内人活动区（高度 1.5 米）不出现涡旋或无风区。

表 3-1　风速与舒适性关系[①]

风速/（m/s）	人体感觉
＜5	舒适
5～10	不舒适，行动受影响
10～15	很不舒适，行动受严重影响
15～20	不能忍受
＞20	危险

建筑物前后的风压差大小是建筑室内自然通风的先决条件。一般来说，压差越大对室内通风越有利，因此在夏季与过渡季希望加大建筑立面压差而形成的室内自然通风，可以帮助扩散室内的热量，改善室内人员的热舒适性；但冬季不希望建筑立面压差过大，来避免产生较大的冷风渗透。《绿色建筑评价标准》（GB/T 50378—2014）中对建筑立面压差提出"冬季典型风速和风向条件下，除迎风第一排建筑外，建筑迎风面与背风面表面风压差不超过 5Pa；过渡季、夏季典型风速和风向条件下，50%以上可开启外窗室内外表面的风压差大于 0.5Pa"的要求。

场地风速和建筑立面风压分析通常可采用计算流体动力学（CFD）模拟软件类实现。

2）场地热环境

建筑场地环境有别于自然环境，是人为的建筑物和构筑物形成的人工环境。建筑场地环境有舒适与非舒适之分，人们追求的总是舒适性环境。其中场地热环境是一个重要方面指标。就场地热环境而言，通常可通过实施绿化、加大场地和建筑遮阴、控制室外材料反射性能、加强自然通风等措施来实现。

绿色建筑中为定量分析地热环境指标，采用热岛强度的概念，试验测量和数值模拟两种方法均可对场地热环境指标进行预测和评价。热岛强度是指城市内一个区域的气温与郊区气温的差别，用二者代表性测点气温的差值表示。一般绿色建筑要求场地在夏季典型日室外日平均热岛强度不高于 1.5℃，因此在设计阶段可以通过热岛模拟方法，即采用计算流体动力学（CFD）模拟判断夏季典型日（典

---

① 张士翔. 深圳福田商城建筑风洞风环境试验研究[J]. 四川建筑科学研究，2000，26（2）：10-13.

型日为夏至日或大暑日）的日平均热岛强度（8：00—18：00 的平均值）是否达到不高于 1.5℃的要求。

2. 围护结构节能

围护结构节能技术是指通过改善建筑物围护结构的热工性能，达到夏季隔绝室外热量进入室内，冬季防止室内热量泄出室外，使建筑物室内温度尽可能接近舒适温度，以减少通过辅助设备如采暖、制冷设备来达到合理舒适室温的负荷，最终达到节能的目的。

1）建筑体形系数控制

建筑体形系数是建筑物与室外大气接触的外表面积与其所包围的体积的比值，其是衡量建筑热工性能的一个重要指标。一般来说，体形系数越大，单位建筑空间的热散失面积越大，能耗就越高。为了使特定体积的建筑在冬季和夏季冷热作用下，从面积因素考虑，合理选择传热面积，使建筑物的外围护部分接受的冷、热量最少，从而减少冬季的热损失与夏季的冷损失。

建筑体形系数控制主要可以从增大建筑体量、简化建筑体型、适当增加建筑层数、采用组合体形等方法。如低层建筑和单元数较少的建筑系统通常相对较大，就可以通过增加建筑层数的方法来降低建筑体形系数。又如给定建筑总面积、建筑层高和层数（建筑高度）情况下，圆形底面体形系数最小、正方形次之、长宽比越大的条式体形系数越小。

2）窗墙比优化

由于普通窗户的保温隔热性能通常比外墙差很多，而且夏季白天太阳辐射还可以通过窗户直接进入室内，所以窗墙比也是围护结构节能的重要指标。窗墙比是指窗户洞口面积与其所在外立面面积的比值。图 3-1 为济南地区一栋 4 层办公楼窗墙比变化的建筑能耗的影响情况。由图可知，窗墙比增大则全年能耗增大，其中南向窗墙比的变化对全年耗能量影响最大，东西影响最小，北向居中。这说明一般情况下，窗墙面积比越大，建筑物的能耗也越大；但这并不具有普遍绝对性。需要根据项目实际情况进行分析。

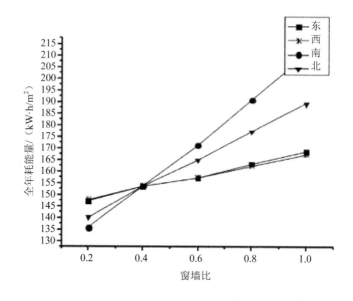

图 3-1　某项目各朝向窗墙比对全年能耗影响分析图[①]

3）外围护结构热工性能

建筑外围护结构是用来保护使用者免受恶劣自然环境的危险，是其提供良好的室内物理环境的基础。热工性能良好的外围护结构可以更好地满足建筑保温、隔热、透光、通风等要求，是实现建筑节能的基础。

围护结构节能应结合地域气候特点，从热工性能、施工便利和经济性等方面合理确定节能技术，不要盲目追求过小的围护结构的传热系数。我国地域气候差异较大，北方寒冷及严寒地区注重合理控制建筑体形系数和窗墙比的前提下，选择具有良好保温隔热的围护结构，注重外围护结构梁、柱、悬挑构件的热工节点设计，防止外围护结构产生冷热桥；南方夏热冬冷及夏热冬暖地区注重建筑围护结构的隔热设计，外墙和屋面选用高反射性涂料，并综合考虑建筑外围护结构的传热系数和热惰性指标，以降低建筑外围护结构内表面温度。

①赵亚楠，等. 窗墙比和体形系数对建筑全年动态负荷的影响[J]. 山东建筑大学学报，2012，27（6）：618-621.

针对外窗、天窗和透明幕墙等建筑透明围护结构，注重玻璃性能的选取，需综合考虑传热系数、太阳得热系数等参数，选择高气密性和水密性的外窗产品，并注重外窗可开启框体部位及窗框安装部位的气密性设计，必要时进行建筑的遮阳设计。

3. 高效能源系统

结合区域气候和能源特点，合理选择能源系统和采用高效设备来降低建筑运行的能耗。

采暖通风与空调系统优先选用效率较高的用能设备和系统，如热泵系统、蓄能系统和区域供热、供冷系统、二氧化碳控制新风量等，采用能源管理和监控系统监督，调控室内的舒适度、室内空气品质和能耗情况。

选用节能的电气产品，如节能电力变压器及各种节电元器件及节能灯具的利用，节能灯光源（如 T5 日光灯、LED 灯），采用电子镇流器等，照明器具根据日照强度进行自动调节并具备调暗功能，楼道照明采用节能自熄式开关，分类电计量及无功率补偿。室外公共区域采用 LED 灯具，电梯采用高效电机，选用具有节能拖动及节能控制装置的产品，如 VVVF 发动机并具有休眠状态功能。

采用建筑智能技术。设置实现冷热源、输配系统、照明和电力等能耗单独分项计量的设施和能耗监测管理系统、智能室温调控系统、室内智能采光系统、阳光自动追踪系统等。

4. 高效节水系统

建设项目应充分了解项目所在区域的市政给排水条件、水资源状况、气候特点等实际情况，通过全面的分析研究，制订水资源利用方案，提高水资源循环利用率，减少市政供水量和污水排放量。项目用水量应实事求是按用水的使用人数、用水面积等确定，严格按节水标准设计。给排水系统设置合理、完善、安全，给水系统分区合理，充分利用市政压力，加压系统选用节能高效的设备。所有用水器具均应采用节水型用水器具。结合各地区气候和资源情况，优先选择市政中水，合理采用建筑中水回用系统，合理采取雨水控制利用措施，先采用收集利用与蓄留回渗相结合的方式，减少外排径流量，缺水地区和降雨量少的地区谨慎考虑设置景观水体。

5. 可再生能源综合利用

根据当地的实际情况，因地制宜，选择合适的可再生能源应用方式。太阳能资源丰富地区，可优先考虑太阳能光热和太阳能光电（太阳能灯、小型光伏发电）；太阳能设计建造应注重与建筑一体化应用。有条件项目可应用地源热泵技术：项目所在区域地下水较为丰富、地质条件好的，可考虑浅层水源热泵供热制冷；项目所在区域土壤换热条件好的，可考虑土壤源热泵技术；项目所在区域污水资源比较丰富的，可考虑污水源热泵技术应用于建筑供热制冷；深层地热资源丰富的，可考虑深层地热能梯级利用。项目邻近江、河、湖、海等，可考虑利用地表水源或海水源热泵技术。

专栏　太阳能技术常见应用形式介绍

▶光伏建筑一体化

技术措施：光伏建筑一体化（BIPV）技术是将太阳能发电（光伏）产品集成到建筑上的技术，即将太阳能光伏发电方阵安装在建筑的围护结构外表面来提供电力（图3-2）。

实施建议：选择大型公共建筑外立面示范应用。

图3-2　太阳能光伏立面示意图

▶太阳能光电应用

● 光导管

技术简介：光导管系统主要由集光器、导光筒和漫射器三部分组成，这种系统可利用室外的自然光线透过集光器导入系统内进行重新分配，再经特殊制作的导光管传输和强化后由系统底部的漫射装置把自然光均匀高效地照射到室内（图3-3）。

实施建议：地下一层车库、大型公建大厅等；

注意要点：光导管长距离铺时系统效率会沿直线降低，使用时应结合技术、经济分析确定合理规模。

图3-3　光导管铺设室外图

● 光纤管

技术简介：光纤以特殊高分子化合物作为芯材，以高强度透明阻燃工程塑料为外皮，可以在相当长的时间内不会发生断裂、变形等质量问题，寿命10年以上。被视为是一种替代现代装饰照明手段的理想材料（图3-4）。

实施建议：适用在办公楼大堂、会议室等空间。

图 3-4　光纤管效果示意图

▶太阳能热水与供暖系统

技术简介：太阳能热水与供暖系统，就是用太阳能集热器收集太阳辐射并转化成热能，以液体作为传热介质，以水作为储热介质，热量经由散热部件送至室内进行供暖，太阳能采暖一般由太阳能集热器、储热水箱、连接管路、辅助热源、散热部件及控制系统组成。太阳能集热器多采用平板太阳能集热器、真空管太阳能集热器。该系统可同时用于热水和供暖，具有节约供热和生活热水消耗的传统能源，辅助能源利用可采用电力、燃气、燃油和生物质能等（图3-5）。

实施建议：在医疗建筑、办公建筑等实施。

注意要点：布置太阳能集热器须综合考虑建筑物遮挡、交通、绿化、城市景观等多方因素，实现城市景观、太阳能综合利用协调一致。

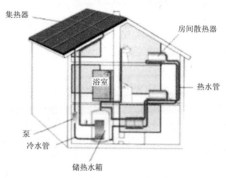

图 3-5　太阳能热水系统示意图

6. 建筑材料节约利用

结合项目实际情况，择优选用规则的建筑形体，控制设置没有功能的纯装饰性构件，使构件的装饰和功能实现一体化。实施土建工程与装修工程一体化设计施工，保证建筑公共部位一体化设计施工的基础上，住宅建筑优先按精装修要求建设。结合当地的材料供应实际情况，合理选择建筑材料：不采用国家和地方禁止和限制使用的建筑材料及制品；采用高强建筑结构材料，推广应用高强钢筋，混凝土结构中梁、柱纵向受力普通钢筋采用不低于 400 兆帕级的热轧带肋钢筋；采用工厂化生产的预制结构构件和工厂化生产的建筑部品；加强建筑材料的循环利用，利用速生材料、旧建筑材料和以废弃物为原料生产的建筑材料。

1）高强建筑结构材料

采用高强结构材料可减小构件的截面尺寸及材料用量，同时也可减轻结构自重，是建筑材料资源节约的重点，是绿色建筑节材的重要措施。因此《绿色建评价标准》（GB/T 50378—2014）中 7.1.2 条和 7.2.10 条提出，"混凝土结构中梁、柱纵向受力普通钢筋应采用不低于 400 兆帕级的热轧带肋钢筋""合理采用高强建筑结构材料"。

高强结构材料主要高强钢筋和高强混凝土。高强钢筋是指抗拉屈服强度达到400 兆帕级及以上的螺纹钢筋，在我国广泛采用钢筋用量大的钢筋混凝土结构中具有较大节材优势，在相同承载力下，钢筋强度越高，其在钢筋混凝土中的配筋率越小，节材效果越显著。《住房和城乡建设部　工业和信息化部关于加快应用高强钢筋的指导意见》（建标[2012]1 号）指出，高强钢筋具有强度高、综合性能优的特点，用高强钢筋替代目前大量使用的 335 兆帕级螺纹钢筋，平均可节约钢材12%以上。《住房城乡建设部办公厅　工业和信息化部办公厅关于进一步做好推广应用高强钢筋工作的通知》（建办标函[2013]600 号）中提出各地要全面推广应用400 兆帕高强钢筋，在 400 兆帕高强钢筋应用较好的城市中，选择项目，重点推广应用 500 兆帕高强钢筋，提高 500 兆帕高强钢筋应用比例。

目前，我国绿色建筑标准中一般把强度等级为 C50 及其以上的混凝土归类为高强混凝土，其具有抗压强度高、密度大、抗变形能力强、孔隙率低等特点，其在建筑应用中具有提高混凝土的刚性和韧性、改善了建筑物的变形性能、减少结构构件体积等优点。因此，《绿色建评价标准》（GB/T 50378—2014）结合混凝土材料的需求和未来发展，对 6 层以上混凝土结构建筑中提出"混凝土竖向承重结构采用强度等级不小于 C50 混凝土用量占竖向承重结构中混凝土总量的比例达到50%"的要求。

2）可再利用材料和可再循环材料

可再利用材料是指不改变物质形态可直接再利用的，或经过组合、修复后可直接再利用的回收材料。可再利用材料的使用可延长仍具有使用价值的建筑材料的使用周期，降低材料生产的资源、能源消耗和材料运输对环境造成的影响。可再利用材料主要有两个来源，一是从旧建筑拆除的材料，二是从其他场所回收的旧建筑材料。常见的可再利用材料包括回收的砌块、砖石、管道、板材、木地板、木制品（门窗）、钢材、钢筋、部分装饰材料等。如用废弃木门简单加工后作为会议办公桌，利用可用废弃的石材作为围墙等（图 3-6）。

图 3-6　可再利用材料应用废弃的石材作为围墙[①]

可再循环材料是指通过改变物质形态可实现循环利用的回收材料，通常可再循环材料是已经无法进行再利用的产品通过改变其物质形态，生产成为另一种材

---

① 资料来源：http://www.fanhuazhida.com/shidi/zhuanlan-1178-1.html.

料，使其加入物质的多次循环利用过程中的材料。建筑中可再循环材料包含两部分，一是使用的材料本身就是可再循环材料，二是建筑拆除时能够被再循环利用的材料。设计建造过程考虑选用具有可再循环使用性能的建筑材料首先应在保证材料的安全性和环保性的前提下。常见的可再循环材料主要包括：金属材料（钢材、铜）、玻璃、铝合金型材、石膏制品、木材等。

7. 室内环境优化

建筑平面布局和空间功能安排合理，控制建筑内部自身声源，减少排水噪声、管道噪声，减少相邻空间的噪声干扰对室内的影响。充分利用自然采光，保证室内光环境与视野，通过反光板、棱镜玻璃窗、天窗、下沉庭院以及各类导光等技术和设施改善建筑的地下空间和高大进深的地上空间的天然采光效果。合理布置外窗或幕墙的可开启面积，形成良好的室内空气流通通道，保证建筑具有良好的自然通风效果。

充分利用被动式措施优化室内环境，降低空调系统的运行时间，降低建筑能源消耗（图 3-7）。例如，室外气温日较差较大的地区，宜考虑夜间通风措施，利用夜间较低的气温给建筑降温，降低日间的建筑空调负荷；外遮阳设施设计需综合考虑夏季隔热和冬季利用太阳能采暖，同时有利于增强自然采光，合理设置外遮阳措施。

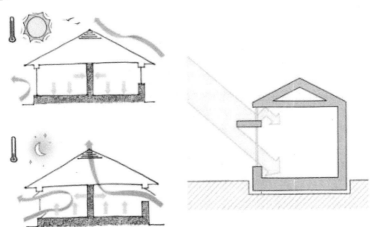

图 3-7　被动式措施（左：夜间通风，右：外遮阳措施）

1）室内自然采光

尽管目前人工照明已经普遍应用于建筑室内，但是自然采光仍然具有人工照明无法替代的优势：首先是自然采光舒适度好、不易引起视觉疲劳，室内使用者可以通过自然采光感知昼夜的更替和四季的循环，有利于视觉和心理健康，提高工作效率；其次充分利用自然光可减少人工照明的使用，有利于建筑节能。

目前设计和建造的建筑的地上大多数部位有许多是有自然采光的，例如大部分住宅的楼梯间都有外窗。因此在自然采光的重点是对自然采光的分析优化，使自然采光和人工照明得到更好结合，如自然采光和照明系统配置定时或光电控制设施相结合，可以合理控制照明系统的开关，在保证使用的前提下同时达到节能的目的。自然采光分析目前主要可采用计算机模拟技术。

2）室内自然通风

室内自然通风是利用自然风压、空气温差、空气密度差等对建筑室内等区域进行通风输气的方式，其具有节能、改善室内热舒适性和提高室内空气品质的优点。室内自然通风基本的动力是风压和热压，因此从实现原理来分，主要有利用风压、利用热压、风压与热压相结合等几种形式。

在具有良好的外部风环境的地区，风压可作为实现自然通风的主要手段。当自然风吹向建筑时因受到建筑的阻挡会在建筑的迎风面产生正压力，同时气流绕过建筑的各个侧面及背面会在相应位置产生负压力，使建筑表面产生了风压力差。如果建筑围护结构上任意两点上存在风压力差，那么在两点开口之间就存在空气流动的驱动力，从而形成建筑内部的自然通风。如表 3-2 所示为外建筑常见开口（门窗）利用风压实现是室内自然通风形式。

表 3-2　利用风压自然通风——常见开口（门窗）形式

型式	图示	自然通风特点
错位型		1. 有较广的通风覆盖面； 2. 室内涡流较小，阻力较小； 3. 通风覆盖面较大
侧穿型		1. 通风直接、流畅； 2. 室内涡流区明显，涡流区通风质量不佳； 3. 通风覆盖面积小
穿堂型		1. 有较广的通风覆盖面； 2. 通风直接、流畅； 3. 室内涡流较小，自通风质量佳

　　自然通风的另一原理是利用建筑内部空气的热压差，即通常讲的"烟囱效应"。其与风压式自然通风相比，具有更能适应常变的外部风环境特点。建筑设计中通常会在建筑上部设排风口，利用热空气上升的原理，将室外新鲜的冷空气从建筑底部被吸入、污浊的热空气从室内排出，来形成室内自然通风；常见热压式自然通风利用区域为建筑物内部贯穿多层的竖向空腔，如楼梯间、中庭、拔风井等。热压作用与进、出风口的高差和室内外的温差有关，室内外温差和进、出风口的高差越大，则热压作用越明显。室内自然通风的定量分析通常可采用数值模拟技术。

绿色建筑案例　兰州鸿运润园住宅小区

项目位于兰州市黄河百里风情线东段的雁滩地区，为大型住宅小区，主要由 A、B、C、D 四个组团组成，总投资约 17 亿元人民币，总用地面积约 29.4 万平方米，规划总建筑面积约 76 万平方米（图 3-8）。项目为绿色三星标识。

图 3-8　项目效果图

项目主要特点如下：

▶西北地区绿化综合实施方案，打造公园式住宅小区

率先开展西北地区植物配置研究与应用，取得在寒冷干旱地区营造公园式住宅小区的突破。小区以一条长达 400 米、宽 50 米的南北纵向中央景观带，将 4 个组团有机的衔接，形成了步移景异的景观效果。景观设计依据"五行"规划，将"春、夏、秋、冬"巧妙地由主题树种进行体现，使每一户都能做到"开窗见景、推门见绿"（图 3-9）。

图 3-9　小区绿化图

▶围护结构综合节能，率先达到全省 65%节能标准

外墙保温采用 3 个保温体系，屋面保温采用挤塑聚苯乙烯泡沫保温板，并注重细部处理，严防冷热桥（图 3-10）。

图 3-10　外墙保温施工图

▶西北地区高效节能空调采暖技术

项目供暖采用分户燃气壁挂炉——低温地板辐射系统，并在此基础上增加分户太阳能生活热水系统，通过循环泵和水温控制系统与壁挂炉联动，实现了可再生太阳能源的进一步利用，并采用负压式无管道新风系统和全热式交换新风系统，以利在风沙较大的西北地区，能够做到不开窗便可交换室外新鲜空气（图 3-11）。

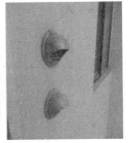

图 3-11　空调采暖技术图

▶综合高效的水资源利用

项目设有市政中水系统（预留市政中水管接口、并设中水贮水调节池和中水泵房）用于小区地面冲洗、道路清洒、绿化用水。雨水采用综合利用，在雨水入渗间接利用基础上，利用水景观集水池收集雨水用于绿化，并通过节水器具、节水灌溉等提高了水资源利用率（图 3-12）。

图 3-12　节水技术图

▶土建装修一体化设计施工

项目大部分交给用户的是高标准、高质量的初装房,减少和避免了住宅二次装修中的材料浪费和污染;降低住户装修工程量和费用。其中 C20~C22 楼为中日技术集成型住宅,采取建筑设计与室内设计同步进行方式,在设计阶段对厨房、卫生间、部品家具等所有设施进行统一整合,与住宅部品的生产商就部品的尺寸、规格等进行准确对接,以保证部品生产后,能准确无误地安装到指定的部位(图 3-13)。

图 3-13　户内精装修实景

▶综合优化室内环境

项目户型设计平面布置紧凑,动静分区明确,营造了良好的空间层次。明厨、明卫、明卧、明厅的四明格局保证了良好的日照及景观视野。外墙设保温层、楼板采用浮筑楼板技术、外窗采用中空玻璃塑钢窗、降板卫生间、同层排水、管道井+暗装给排水支管、电梯井道增加保温隔音措施,并设新风系统,通过这些措施,进一步优化室内环境(图 3-14)。

图 3-14　同层排水及地下室采光

绿色建筑案例　长阳中粮万科

位于房山区长阳镇起步区，总用地面积 154 076 平方米，总建筑面积约 37 万平方米，地上建筑面积约 33.4 万平方米，其中地上住宅总面积 32.6 万平方米，附属配套面积 8 千平方米，地下建筑面积约 3.7 万平方米（图 3-15）。

图 3-15　项目效果图

本项目针对北京地区特有的气候特点，通过绿色建筑系统技术的研究与实际应用，主要进行了以下技术集成：

通过合理的规划布局和单体设计，采用被动技术创造良好的室外环境。本项目规划结合场地自然条件，以"新都市主义"为设计理念，利用多层和小高层创造内部具有序列感和环抱感的、空间变化丰富的、安静宜人的组团空间，并通过风环境模拟、声环境分析、日照分析，创造良好的室外环境。建筑住宅主要朝向是南北向，住宅楼间距均大于44米，满足大寒日2小时的日照标准。单体设计采用一梯2户或1梯4户的组合模式，使每个户型均能拥有更多的南向房间，获得充分的日照和采光，并利于户内组织穿堂通风。

寒冷地区外围护结构节能70%的技术集成。体形系数和窗墙比满足节能标准要求；外墙采用阻燃型聚苯板或成品预制挤塑夹芯保温板，平均传热系数0.44～0.54 W/m²·K；屋面采用阻燃型挤塑板，传热系数0.32～0.38 W/m²·K；外窗选用传热系数小于2.8 W/m²·K且隔声性能大于35分贝的铝合金断桥中空玻璃保温窗；构造设计上对阳台、雨篷、女儿墙等易产生热桥处均做了保温处理。

节能舒适的采暖系统集成。末端采用低温热水型地板辐射采暖，分室自动温控，热力站内设置气候补偿装置，提高供热效率（图3-16）。

图 3-16　地板采暖铺设图

住宅室内空气质量技术集成。住宅外窗采用内平开形式，居住空间外窗的可开启面积比例均大于5%，卫生间设置无动力风帽，促进卫生间污浊空气的排出，并有利于房间通过外窗进风、通过卫生间风道排风，组织有效自然通风。

水资源利用技术集成。将屋面及道路雨水有组织排放至实土绿化渗入地下，同时采用透水铺装及下凹绿地等加强雨水渗透及调蓄，将市政再生水用作冲厕和室外用水，绿化采用微喷灌的节水灌溉方式。

可再生能源利用。3～6#楼及11号地住宅均设太阳能热水系统。采用太阳集热器集中布置于建筑屋顶、蓄热水箱置于各户卫生间的"集中集热、分户蓄热和计量"形式；太阳能热水系统的设置与建筑设计进行有机结合，实现一体化设计及施工。

绿色照明技术集成。电梯厅、楼梯间、走廊等公共场所采用高效光源、高效节能灯具，采用声光控延时开关；疏散指示照明采用LED光源；地下车库采用T8节能灯，并采用定时分路自动控制系统。直管式荧光灯均采用电子镇流器或节能电感镇流器；电梯间与室外连通，利用自然采光；部分住宅地下区域开设天井，直接利用自然采光。电梯、水泵、风机等设备均采用节能型产品及节能措施。

结构节材技术集成。选择能耗少的结构材料。现浇混凝土全部采用预拌混凝土，砂浆全部采用商品砂浆；建筑工业化程度高。本项目 11-4#、11-5#、11-6#和 11-7# 这 4 栋楼，均采用装配式剪力墙结构体系，两楼的南北外墙、楼梯、阳台板、空调板均为工厂预制，生产完成后运至施工现场进行组装。建筑整体具有很高的工业化程度（图 3-17）。

图 3-17　工业化施工现场照片

低耗环保材料应用技术集成。采用预制装配式混凝土剪力墙结构体系并配合工业化装修方式；非工业化住宅采用建筑与室内精装修同步设计施工，室内装修一次到位，厨卫采用全装修；卧室、起居室选用除醛功能涂料；精装修住宅的吊顶全部采用废弃物为原料生产的脱硫石膏板（图 3-18）。

图 3-18　户内精装修实景

垃圾处理技术集成。小区 100%实现垃圾分类收集，并在 03#地块设置供整个小区（包括 04#、11#地块）共用的集中式有机垃圾处理站，设置有机垃圾处理设备，实现小区内厨卫垃圾的区内无害化处理。

3.1.3 国家在建筑领域重点推广的低碳技术目录

表 3-3 国家在建筑领域重点推广的低碳技术目录

序号	技术名称	适用范围	主要技术内容	典型项目				目前该技术在行业内的推广比例(%)	未来 5 年节能潜力		
				适用的技术条件	建设规模	投资额(万元)	节能量(t 标煤/a)	二氧化碳减排量(t CO₂/a)		预计该技术在行业内的推广潜力(%)	预计总投入(万元)	预计节能能力(万 t 标煤/a)	预计二氧化碳减排能力(万 t CO₂/a)
1	Low-E 节能玻璃技术	建材行业	在普通浮法玻璃生产线锡槽的末端增加一套 Low-E 镀膜设施,在浮法玻璃生产线上实现在线 CVD 或者 PCVD 镀膜生产		15 万 m² Low-E 节能玻璃	1 200	4 180	11 035	2	10	264 000	95	251
2	智能调节透反射率节能玻璃膜	建材、建筑、民用及商用:建筑玻璃及汽车玻璃贴膜	将具有温控相变特性的二氧化钒纳米粉体通过共混手段均匀地分散在 PET 原料中并拉制成具有三层不同结构的薄膜。薄膜在室温较高的情况下,通过金属二氧化钒的二次反射阻隔 80% 以上的太阳热;在室温较低的情况下积极有效地导入太阳热	既有建筑和新建建筑的建筑玻璃贴膜汽车贴膜	28 000 m²	450	640	1 395	<1	2	100 000	11	24

序号	技术名称	适用范围	主要技术内容	适用的技术条件	典型项目				目前推广比例（%）	未来5年节能潜力			
					建设规模	投资额（万元）	节能量（t标煤/a）	二氧化碳减排量（t CO$_2$/a）		该技术在行业内的推广潜力（%）	预计总投入（万元）	预计节能能力（万t标煤/a）	预计二氧化碳减排能力（万t CO$_2$/a）
3	热泵双级压缩变频增焓节能技术	轻工行业-民用及商用制热需求场所	通过两次压缩，减小每一级的压比，增加二级的冷媒吸气量，提高低温环境下的制热能力和高温环境下的制冷能力，从而解决低温制热能力差、高温制冷能效低的问题	空调和空气能热水器	居民小区432套住宅热水器改造	346	560	1 478	<1	5	780 000	90	238
4	电子膨胀阀变频节能技术	家用空调、商用空调、冷冻及冷藏设备	在空调以及冷冻、冷藏设备上应用电子膨胀阀，并采用变频控制器对压缩机和电子膨胀阀的工作频率以及电子膨胀阀的开度进行控制，采用变频节能技术提高上述设备的能效	可变频控制的压缩机和电子膨胀阀	1 380万套/a	7 500	260 000	686 400	20	50	20 000	85	224

序号	技术名称	适用范围	主要技术内容	典型项目					目前推广比例（%）	未来5年节能潜力			
				适用的技术条件	建设规模	投资额（万元）	节能量（t标煤/a）	二氧化碳减排量（t CO₂/a）		该技术在行业内的推广潜力（%）	预计总投入（万元）	预计节能能力（万t标煤/a）	预计二氧化碳减排能力（万t CO₂/a）
5	变频优化控制系统节能技术	煤炭、电力、冶金、有色金属、石油石化、化工、建材、机械等行业	自动适时监测电机、变频器和负载的运行情况，并根据专家库系统进行运行寻优，使三者达到最佳匹配，实现节电和减少谐波污染的效果	已安装变频装置的风机、水泵系统	煤化工锅炉系统5台风机总功率1 900 kW	189	712	1 880	5	10	21 340	11	29
6	三相工频电磁感应应用技术	机械行业、民用及商业用行业，适用于生活热水、饮用热水、采暖用，及工业锅炉预热等	主机采用特殊结构的水冷干式"短路变压器"，副边外壳作为第一主发热体，受电磁感应产生短路电流并产生热量，其漏磁又使循环水箱感应产生较大的涡流与磁滞，循环水箱成为第二发热体，实现无功功率的利用，与传统电锅炉相比，其电能转化效率更高	有热水需求的场所	21台	641	4 654	12 287	<1	5	25 000	14	38

序号	技术名称	适用范围	主要技术内容	适用的技术条件	典型项目				目前推广比例(%)	未来 5 年节能潜力			
					建设规模	投资额(万元)	节能量(t标煤/a)	二氧化碳减排量(t CO₂/a)		该技术在行业内的推广潜力(%)	预计总投入(万元)	预计节能能力(万t标煤/a)	预计二氧化碳减排能力(万t CO₂/a)
7	节能型合成树脂幕墙装饰系统技术	建材行业建筑墙体装饰	以合成树脂为主要黏结材料，各种助剂配制成赋予以及各种物墙体上，分层施子以及各种涂料，分层施涂在建筑物墙体上，替代传统建筑铝塑板幕墙，节约生产、施工和使用能耗	建筑外墙	墙体面积 5 万 m²	500	2 900	7 656	3	10	225 000	130	343
8	温湿度独立调节系统节能技术	建筑行业公共建筑、住宅建筑等的采暖供冷系统节能	温湿度独立调节空调系统采用两套独立的系统，分别控制、调节室内空气的温度与湿度	新建或改造民用项目配套	1.3 万 m² 办公楼空调系统	200	58	154	<1	5	2 000 000	175	462
9	动态冰蓄冷技术	建筑行业各种中央空调系统及工艺用冷系统	制冷剂直接与水进行热交换，水结成絮状冰晶同时，生成和溶化不需二次换热，大大提高了空调能效。冰浆总体移峰填谷能力优于传统干传统冰蓄冷技术	集中空调系统公共建筑	制冷机组额定功率 600 冷吨，蓄冷量 3 600 冷吨时，蓄冰槽 360 m³，供冷面积 20 000 m²	255	转移峰时电量 86 万 kWh	276	<1	5	2 340 000	全年转移峰时电量 52 亿 kWh，减少电厂装机容量 1180 万 kW	400

序号	技术名称	适用范围	主要技术内容	典型项目							未来 5 年节能潜力			
				适用的技术条件	建设规模	投资额（万元）	节能量（t 标煤/a）	二氧化碳减排量（t CO$_2$/a）	目前推广比例（%）		该技术在行业内的推广潜力（%）	预计总投入（万元）	预计节能能力（万 t 标煤/a）	预计二氧化碳减排能力（万 t CO$_2$/a）
10	中央空调全自动清洗节能技术	建筑楼宇及工业厂房的水冷式中央空调热交换器	每天全自动清洗中央空调冷凝器 36 次，使中央空调冷凝器始终处于清洁状态。系统全自动运行，自身不耗电，节能减排效果好	水冷式中央空调热交换器	2 台 450 冷吨、2 台 500 冷吨、2 台 1 100 冷吨中央空调节能技术改造	100	546	1 441	<1		5	320 000	200	528
11	墙体用超薄绝热保温板技术	建筑行业-新建建筑节能保温、既有建筑节能改造	由芯材与真空保护表层复合而成，其中充芯材主要是低导热系数的芯材填料，外层采用多层复合材料，整板抽真空后密系封，可大幅度降低导号热系数，提高保温板绝热性能	有外墙保温需求的建筑墙体	10 万 m² 建筑外墙保温	180	1 638	4 324	8		20	900 000	245	647
12	磁悬浮变频离心式中央空调技术	产品为大型离心式中央空调系统，适用各种建筑用空调：地铁、办公楼、学校、酒店、机场和工艺冷却等场所	直流变频驱动技术、高效换热技术、过冷器技术，基于工业微机的智能抗喘振技术，磁悬浮无油运转技术，根本上提高了水空调系统的运行效率和性能稳定性	适用于新建和改造的冷水中央空调系统酒店空调系统	总建筑面积 60 000 m² 的酒店空调系统	1 500	500	1 320	<1		10	50 000	39	102

序号	技术名称	适用范围	主要技术内容	典型项目					目前推广比例（%）	未来 5 年节能潜力			
				适用的技术条件	建设规模	投资额（万元）	节能量（t 标煤/a）	二氧化碳减排量（t CO$_2$/a）		该技术在行业内的推广潜力（%）	预计总投入（万元）	预计节能能力（万 t 标煤/a）	预计二氧化碳减排能力（万 t CO$_2$/a）
13	基于冷却塔群变流量控制的模块化中央空调节能技术	适用建筑及工业领域使用水冷式机组中央空调系统的场合	采用冷却塔群变流量技术，充分利用冷却塔有效换热面积，提高冷却效率，减少冷却水流量需求，降低主机及冷却水泵的能耗；采用双变流量技术，用一次泵系统实现主机定流量安全运行，末端水冷式中央空调变流量节能运行，降低冷冻水泵的能耗；由传统的冷却系统采集所有温度、压力、流量等信号，由上位机集中处理后发出指令去驱动相关设备，变为独立采集相关设备信号后直接驱动的方式，实现模块化控制，各个设备按各自预先设定运行	大型水冷式中央空调改造	冷却面积 1 万 m² 以上	315	823	2 172	<1	1	75 000	25	66

序号	技术名称	适用范围	主要技术内容	典型项目					目前推广比例（%）	未来5年节能潜力			
				适用的技术条件	建设规模	投资额（万元）	节能量（t标煤/a）	二氧化碳减排量（t CO₂/a）		该技术在行业内的推广潜力（%）	预计总投入（万元）	预计节能能力（万t标煤/a）	预计二氧化碳减排能力（万t CO₂/a）
14	低辐射玻璃隔热膜及隔热夹胶玻璃节能技术	建材、建筑行业民用或商业用建筑窗体节能技术	该技术产品通过控制红外反射率的溅射技术、纳米涂布技术、紫外阻隔技术等，降低建筑物窗体热损失，与 Low-E 玻璃相比，可实现低成本节能	原有窗体玻璃为非节能玻璃	窗体面积 12 000 m²	90	192	507	<1	10	100 000	21	55
15	过程能耗管控系统技术	适用于建筑、交通、电力、通信、机械、电、水、气等能耗单位监测和管控	对电、水、气等能源过程参数实时测量，对能源、用能设备与用能过程进行定位的电、水、气等用能进行监测、发现并管理，能耗统计与能效分析，消除无效能耗，鉴别并管控低能效行为，以实现用能能效率的持续改善	南方中集厂区高低压变配电房、车间配电箱及工艺过程能源的监测，同时将压缩空气等二次能源纳入监测与联动分析		680	6 649	15 293	1	10	450 000	130	343

序号	技术名称	适用范围	典型项目						目前推广比例（%）	未来 5 年节能潜力			
			主要技术内容	适用的技术条件	建设规模	投资额（万元）	节能量（t标煤/a）	二氧化碳减排量（t CO₂/a）		该技术在行业内的推广潜力（%）	预计总投入（万元）	预计节能能力（万t标煤/a）	预计二氧化碳减排能力（万t CO₂/a）
16	建筑（群落）能源动态管控以及跨区域建筑群落优化系统技术	建筑行业及工业、交通等领域的单栋建筑（群落）、建筑群落以及跨区域建筑群落（包括 IDC 机房）的节能减排	为建筑节能提供物联网动态管理，形成建筑群落、分布式能源和单栋建筑的整体能源管控与优化服务。同时，感知用能设备的运行状况与故障（包括报警，实现最大限度节能减排	具备电力供应及通信网络的建筑	8.6 万 m² 建筑	370	464	1 225	<1	10	600 000	120	317
17	基于实际运行数据的中央空调、锅炉、直燃机设备及智能优化控制技术	适合于中央空调、锅炉、中央空调、直燃机以及换热器设备	适合于中央空调、锅炉等复杂、非线性和时变性系统的优化控制。该系统由控制优化接口、设备模型、环境模型、系统运行模型、数据库等构成，节能率在 20%~60% 的范围	以恒定能源（油、电、蒸气、燃气、环气等）为主要能源的冷热源能耗能设备	上海绿地和创大厦建筑面积 10 万 m²，3 台溴化锂机组，使用天然气作燃料	110	320	845	1	10	300 000	32	84

序号	技术名称	适用范围	主要技术内容	适用的技术条件	典型项目					未来 5 年节能潜力			
					建设规模	投资额（万元）	节能量（t标煤/a）	二氧化碳减排量（t CO₂/a）	目前推广比例（%）	该技术在行业内的推广潜力（%）	预计总投入（万元）	预计节能能力（万t标煤/a）	预计二氧化碳减排能力（万t CO₂/a）
18	基于人体热源的室内智能控制节能技术	商用及办公建筑室内系统	本技术采用 RF 射频技术、红外技术对人体移动热源的监测，配合环境及气象参数采集、预置时间策略、能管管理策略与能耗数据分析模型构成的智能化室内节能控制系统	对于新建筑采用有线控制方式；对于既有建筑采用有线和无线相结合的控制方式；无其他限制条件	建筑面积 15 196 m²	66	93	247	<1	10	40 000	142	375
19	基于感应耦合的无极荧光照明技术	轻工行业-照明场所	电磁场能量以感应方式耦合到灯泡内，使内部气体等离子化，激发内壁荧光粉发出可见光，并且灯泡显色性高，替代高压钠灯或金卤灯，可降低功率，节约电能	工矿、场馆、道路、隧道等领域的照明	银川望远工业园项目路灯亮化工程，使用 4 927 套无极灯整灯照明	6 800	7 867	20 769	3	10	550 000	180	475

序号	技术名称	适用范围	主要技术内容	典型项目					目前推广比例(%)	未来 5 年节能潜力			
				适用的技术条件	建设规模	投资额(万元)	节能量(t标煤/a)	二氧化碳减排量(t CO₂/a)		该技术在行业内的推广潜力(%)	预计总投入(万元)	预计节能能力(万t标煤/a)	预计二氧化碳减排能力(万t CO₂/a)
20	金属纤维全预混强制鼓风商用燃气灶节能技术	轻工行业商用燃气灶具	采用耐腐蚀结构的金属纤维表面燃烧,全预混燃烧额定热流量气空气比例自动调节,分18 kW以上离式长明火自动点火,保温隔热复合炉膛等技术,将商用燃气灶具的热效率由20%~28%提高到45%以上	中餐灶、大锅灶、蒸柜、蒸箱等	100 台金属纤维表面燃烧中餐灶	180	494	1 300	<1	10	540 000	90	238
21	LED智能照明节能技术	室外道路照明场所的新建项目	LED路灯照明是一种基于大功率高亮度半导体发光二极管的新型照明技术,灯具开发采用多芯片封装大功率LED技术,具有智能控制调光功能;LED路灯额定色温不宜大于5 000K;整灯光效≥100 lm/W(额定色温≤4 000 K),整灯光效≥105 lm/W(4 000 K<额定色温≤5 500 K);功率因数≥0.98,显色指数不小于70,防护等级不应低于IP65,寿命不小于2.5万小时	道路照明改造工程合同能源管理项目;道路照明节能改造工程技术之一:明工程和	1 361 盏	1 878	154	400	30	65	48 000	210	492

序号	技术名称	适用范围	主要技术内容	典型项目				目前推广比例（%）	未来 5 年节能潜力			
				建设规模	投资额（万元）	节能量（t标煤/a）	二氧化碳减排量（t CO₂/a）		该技术在行业内的推广潜力（%）	预计总投入（万元）	预计节能能力（万t标煤/a）	预计二氧化碳减排能力（万t CO₂/a）
22	基于二级变频控制驱动的 XED 灯头节能技术	轻工行业、工矿企业、道路、商场、码头等的照明	该技术由氙气气体在高压（23kV）电场激发后形成等离子体持续放电发光，产生类似太阳光光谱的高效可见光，替代传统高压钠灯等照明灯具。技术采用二级变频控制技术，通过镇流升压后的恒定电压进行脉冲高压二级频率变换。使 XED 光源在定态受控功率状态下工作，提高驱动器效率，降低电力消耗	7 437 盏道路灯改造	1 100	2 203	5 816	<1	1	200 000	18	48
23	陶瓷金卤灯高效照明系统	市政及室内商业照明	采用双内胆陶瓷金卤灯，发光效率和显色指数高，使用寿命长，采用高反射率反射灯化灯具，采用高压钠灯等以其他大功率灯，使灯具节能效率提高到 80% 以上。采用节能型电子镇流器照明器，低频恒功率输出。采用路灯用智能控制系统，实现路灯的信息化管理和能耗计量，减少用电能耗	924 盏路灯光源系统	235	883	1 925	<1	2	42 000	21	46

序号	技术名称	适用范围	主要技术内容	典型项目					目前推广比例（%）	未来5年节能潜力			
				适用的技术条件	建设规模	投资额（万元）	节能量（t标煤/a）	二氧化碳减排量（t CO₂/a）		该技术在行业内的推广潜力（%）	预计总投入（万元）	预计节能能力（万t标煤/a）	预计二氧化碳减排能力（万t CO₂/a）
24	大功率氙气照明节能技术	轻工行业、道路、交通、工矿企业、大型场馆等场所大功率照明	由氙气气体在高压电场激发后形成等离子体放电发光，相对于高压钠灯、金卤灯等传统气体放电灯，氙气与电子的碰撞几率大，碰撞损失和热导损失较小，光效更高，氙气灯能耗更低；同时，氙气灯提供七色自然光谱，显色指数高，舒适度好		18 000套照明灯具	632	3 998	9 370	<1	10	35 000	210	458

3.2　低碳交通设施

低碳交通是一种以高能效、低能耗、低污染、低排放为特征的交通发展方式，其核心在于提高交通运输的能源效率，改善交通运输的用能结构，优化交通运输的发展方式。目的在于使交通基础设施和公共运输系统最终减少对于以传统化石能源为代表的高碳能源的高强度消耗。

3.2.1　指南要求

1. 路网布局

推行网格式道路布局，实现社区与周边路网有效衔接，做好社区微路网建设，优化社区出行道路与城市主干道接驳设计。合理规划校园、医院等人流、车流密集区域交通设施。统筹考虑社区及周边公共交通站点设置，建设以人为本的慢行交通系统，提高公交车、地铁、自行车等不同交通方式换乘便利化程度，构建紧凑高效社区公交和慢行交通网络。在交通路网建设中尽可能利用循环再生材料。

2. 新能源汽车配套设施

按照《国务院办公厅关于加快新能源汽车推广应用的指导意见》要求，优先支持试点社区同步规划建设新能源汽车充电桩等配套设施。设立社区新能源汽车租赁服务站点，开展电动汽车接驳服务。试点社区公交、环卫、邮政等领域和学校、医院等公共机构优先配备新能源汽车，支持社区内购物班车和物流配送采用新能源汽车。

3. 静态交通设施

合理设置公共自行车租赁、拼车搭乘和出租车停靠设施。优先建设立体停车、地下停车设施。鼓励建设港湾式公交停靠站，在地铁始发站建设停车换乘（P+R）停车场。

4. 智慧交通系统

应用现代信息技术，开发社区智慧交通服务系统，建设覆盖试点社区主要道路、公交场站、居民小区、公共场所的智慧交通出行引导设施，建立交通数据实时采集发布共享和运营调度平台，提供道路交通实时路况、出租车即时呼叫、智能停车引导、公共交通信息等服务，打造智慧交通出行服务体系。

3.2.2　技术要点

1. 网格式道路布局

社区内建议推行网格式道路布局，实现社区与周边路网有效衔接，做好社区微路网建设，优化社区出行道路与城市主干道接驳设计。

参照国内外研究成果，不同等级道路功能定位见表 3-4、图 3-19。

表 3-4　城市道路功能分级及技术要求

技术要求	快速路		主干道		次干道		支路	
	Ⅰ	Ⅱ	Ⅰ	Ⅱ	Ⅰ	Ⅱ	Ⅰ	Ⅱ
简要说明	标准快速路	标准快速路	道路条件较好	用地条件较为局促	交通性功能为主	两侧大量公共建筑	交通性支路	生活性支路
占总路网里程比例/%	5~8		15~20		20~25		50~60	
红线宽度/m	60~80		40~60		28~40		14~24	
路段双向机动车道条数	6、8		6、8	4、6	4		2~4	1~2
交叉口要求	完全互通、分离	简易互通、分离、少量平交	交叉口必须渠化		交叉口必须渠化		有条件时渠化	
主要服务对象	长距离机动车交通		机动车交通，快速、骨干公交	机动车为主、兼顾非机动车交通	机动车交通为主，非机动车交通为辅		公交、非机动车为主、机动车为辅	非机动车为主、机动车为辅
两侧开口	完全控制		部分控制		适当控制		可为道路两侧用地提供直接服务功能	

技术要求	快速路		主干道		次干道		支路	
	I	II	I	II	I	II	I	II
允许连接道路	快速路、主干路	快速路、主干路、次干路	快速路、主干路、次干路		II级快速路、主干路、次干路、支路	主干路、次干路、支路	II级主干路、次干路、支路	次干路、支路
分隔设施	绿化带、隔离墩	绿化带、隔离墩、隔离栏			绿化带、隔离墩、隔离栏、划线分隔			
公交服务	没有要求	公交专用道、港湾公交站	部分公交专用道、港湾公交站		部分公交专用道、港湾公交站		满足公交车辆通行	没有要求

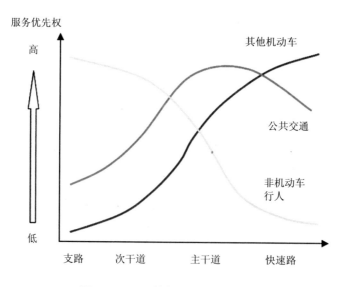

图 3-19 不同等级道路功能定位

2. 人流车流密集区域交通规划

合理规划校园、医院等人流车流密集区域交通设施。统筹考虑社区及周边公共交通站点设置，建设以人为本的慢行交通系统，提高公交车、地铁、自行车等不同交通方式换乘便利化程度，构建紧凑高效社区公交和慢行交通网络。

3. 无障碍设施与服务

所有公共交通设施均需提供无障碍设施及服务，加强硬件设施建设。在地铁、商场等建筑设置无障碍电梯；步行道上为盲人铺设的走道、触觉指示地图；公共交通站点设置盲文公交站牌；公共交通的工具上要设置不低于座席数量10%的老幼病残孕的专座。保障老年人、残障人士等群体的安全通行以及使用便利。

4. 新能源汽车配套设施

按照《国务院办公厅关于加快新能源汽车推广应用的指导意见》要求，优先支持试点社区同步规划建设新能源汽车充电桩等配套设施。设立社区新能源汽车租赁服务站点，开展电动汽车接驳服务。试点社区公交、环卫、邮政等领域和学校、医院等公共机构优先配备新能源汽车，支持社区内购物班车和物流配送采用新能源汽车。

案例　世博源地下停车库

为电动车提供充电服务，给市民的休闲购物、绿色出行带来便利。驾车驶入世博源地下停车库，电动汽车公共充电站的提示标牌清晰可见，在这个公共停车场，电动汽车充电设施涂装为代表新能源的绿色，电动汽车用户只要停车刷卡，便可以通过公共充电装为电动汽车充电，整个过程非常方便，车主可以在购物休闲的间歇，为电动汽车充电（图3-20）。

图 3-20　新能源汽车充电桩实景图

案例　特色公共交通方式秒充电动公交车

十秒闪充纯电动公交车无须架设空中供电网，只需在公交站点设置充电桩，利用乘客上下车 30 秒内即可把电充满并维持运行 5 千米以上，可在线循环往复运营。

目前，由南车株洲电力机车有限公司生产的 3 款车辆采用这种超级电容储能系统：18 米超级电容储能式现代电车、12 米超级电容储能式现代电车、12 米超级电容与三元锂电池现代电车（图 3-21）。

18 米长的现代电车有 42 座，最大载客量可达 150 人，适用有公交专用道的大运量快速公交 BRT；12 米储能式现代电车则适用于社区内公交线路的运营。

该种车辆在制动和下坡时，可以把 85% 以上的刹车能量转化成电能，由超级电容存储再使用。一个超级电容约 1 升牛奶盒大小，由高性能炭材料构成，环保且安全性高，可反复充放电 100 万次，使用寿命长达 10 年。这类电动公交车只需在站点建设充电装置即可，其建设成本只有有轨电车的约十分之一。

图 3-21   特色公交车示意图

案例   微交通

"微公交"全称"纯电动微公交",主要采用纯电动汽车,外形和"smart"类似,与普通电动车需要专门的充电桩相比,"微公交"只需要一个普通 220 伏的插座,就可以在任意的地方进行充电。电池充满电一次需要 6~8 小时,它们最高时速为 80 千米/时,充一次电可行驶百公里以上。"微公交"电动车的缺点是不能长途行驶,但在市区内正常上班回家还是很方便的。

"微公交"是由吉利控股集团与康迪科技集团联合推出,公交车型分为两人座和四人座,成本价格分别为 13.3 万元和 14.3 万元;租赁方式有长期 3 年、中期 1 年、短期 1 个月 3 种方式。如果车辆出现性能上的故障,由公司进行维修和保养(图 3-22)。

图 3-22   微公交示意图

清华大学何继江博士：充电桩建设的三阶段

▶第一阶段是快充桩

近期建设的充电桩中，快速充电桩占到相当大的比例，40 千瓦左右的居多。其效果是可以大大缩短电动汽车的充电时间，使其控制在半个小时到一个小时。但是快充桩的大容量给电网造成了巨大负担。以北京为例，如果有 50 万辆车同时快充，那么总负荷将达到 2 000 万千瓦，而北京市去年的最高负荷大约是 1 930 万千瓦。据北京发展改革委的文件，到 2020 年，北京市将建 43.5 万个充电桩，满足届时全市电动汽车预计增至 60 万辆的需求。如果这些充电桩全是快充桩，北京电网肯定会崩溃。

建议：在高速公路上建充电桩，可以以快充桩为主，但是在市内，快充桩只能适可而止。

▶第二阶段是慢充桩

现在充电桩的国标是 7 千瓦，这种交流慢充桩技术上并不复杂，未来可以实现有电线的地方就有充电桩。无论是小区还是写字楼和公共建筑，以及工业园区，充电桩将随处可见，人们可以就近在单位停车场充电，也可以在小区的充电桩上充电，不再需要专程跑到充电站用快充桩充电。所以前期建设的快充桩如果位置不好的话，很可能会成为无用资产。

慢充桩主要是在晚上充电，这时候电网的负荷处在低谷，车主正在睡觉，利用这个时间充电皆大欢喜。

政策建议：必须要制订充电峰谷电价，白天峰电价格高，夜间谷电价格低。北京电力公司已经实施充电峰谷电价了，白天 10：00—3：00 点的充电价格是 1.004 4 元/千瓦时，晚上 11：00—7：00 的充电价格是 0.394 6 元/千瓦时，充电服务费另计 0.8 元/千瓦时。充电峰谷电价政策应该推广到各个城市，而且应该推广到居民小区。

对企业的建议：到用户端去，寻找可能购买电动汽车的潜在用户，布局充电桩。

▶第三阶段是光伏充电桩

随着光伏的成本不断下降，其实现在光伏充电已经具有经济性了。北京电力公布的充电峰谷电价中，白天 10：00—3：00 点的峰段电价为 1.004 元，充电服务费 0.8 元，而北京地区光伏电站全额上网的价格是 0.98 元。光伏的实际成本当然是低于这个数的。光伏充电站已经具有经济性，随着相关商业模式的不断开发，有理由相信，未来，晒着太阳的停车场会广泛建设为光伏充电站，屋顶光伏也可直接接到停车场为电动汽车充电，也可充到电池里，再用换电模式给电动汽车使用。在高速公路上，服务区通过大面积建设光伏可以为服务区的快速充电桩提供足够电能。很显然，未来，高速公路上，白天的充电价格会走低，而晚上的充电费用则会非常高昂。

政策建议：鼓励高速公路建设光伏项目，实现电动汽车与光伏的协同发展。

5. 静态交通设施

1）路内停车场布局规划

路内停车可以作为社区停车的补充。路内停车场布置的几个基本原则：在城市快速路和主干道上禁止设置路内停车场；设置路内停车的道路在交通高峰期间饱和度不应大于 0.8；路内停车场的设置应尽可能远离交叉口；路内停车场的设置应因地制宜，灵活设置；路内停车场布局应尽量小而分散；不提倡采用占用人行道空间的停车形式；路内停车采取限时设置的原则。

路内停车场设置在次干道和支路上的设置要求见表 3-5。

表 3-5　路内停车场的设置要求

道路类型	道路宽度	停车状况
双行道路	$B \geq 12\ m$	允许双侧停车
	$8\ m \leq B < 12\ m$	允许单侧停车
	$B < 8\ m$	禁止停车
单行道路	$B \geq 9\ m$	允许双侧停车
	$6\ m \leq B < 9\ m$	允许单侧停车
	$B < 6\ m$	禁止停车
巷、弄	$B \geq 9\ m$	允许双侧停车
	$6\ m \leq B < 9\ m$	允许单侧停车
	$B < 6\ m$	禁止停车

2）P+R 停车与换乘设施规划

P+R 停车设施的布局主要包括以下几类形式：①结合对外交通枢纽布置机动车与车站、机场的换乘；②在城市外围结合轨道交通布置机动车与轨道交通的换乘；③结合绕城高速公路在城市外围布置出入城的客货运交通换乘；④结合旅游集散中心布置机动车和旅游交通换乘；⑤在城市中心结合轨道交通密集区进行机动车与轨道换乘。

建筑物配建停车泊位的建议指标具体见表 3-6。国外公共自行车租赁经验见表 3-7。

表 3-6　建筑物配建停车设施推荐指标值

类别			计算单位	机动车			非机动车
				一类地区		二类地区	
				上限	下限	下限	
住宅	一类住宅		车位/户	2	1.5	2	1
	二类住宅	≥90 m²		1.5	1	1	1.5
		60～90 m²		1.0	0.8	0.8	1.5
		≤60 m²		0.8	0.6	0.8	2
	经济适用房		车位/户	—	—	0.6	2
	大学生公寓、宿舍		车位/100 m² 建筑面积	—	—	0.3	3
办公	行政办公		车位/100 m² 建筑面积	1.0	0.8	1.2	1.5
	其他办公			0.8	0.6	1	3
商业	大型、普通商业综合楼		车位/100 m² 建筑面积	0.6	0.5	0.8	5
	大型超市			0.8	0.6	1.5	7.5
	农贸市场			0.6	0.5	1	10
	专业市场			0.8	0.6	0.8	6
	宾馆		车位/100 m² 建筑面积	0.5	0.25	0.6	2
	餐饮、娱乐			1.5	1	2	2
医院	区级综合、专科医院		车位/100 m² 建筑面积	0.8	0.6	0.8	3
	社区医院、疗养院			0.3	0.2	0.3	3
	独立诊所			1.5	1	2	1.5
学校	大（中）专院校		车位/百师生	3.5	2	4	60～80
	高中			2.5	1	2	60～80
	初中			1.5	1	1.5	60～80
	小学			1.5	1	1.5	20
	幼儿园			1	0.8	1.5	5

类别		计算单位	机动车			非机动车
			一类地区		二类地区	
			上限	下限	下限	
文体娱乐	体育场馆	车位/百座	3.5	2	4～6	20
	影剧院		6	4	10	15
	会议中心	车位/100 m² 建筑面积	6	4	10	3
	会展中心		2	0.5	2.5	2
	博物馆、图书馆		0.6	0.4	1	3
交通枢纽	火车站	车位/千名旅客设计量	—	—	2.0～2.5	—
	汽车站	车位/千名旅客设计量	—	—	2.0～3.0	—
工业	厂房	车位/100 m² 建筑面积	—	—	0.2～0.5	3
	仓库	车位/100 m² 建筑面积	—	—	0.03～0.05	1

表 3-7　国外公共自行车租赁经验

地区	租赁经验
巴黎	每次用车时间不超过半小时，免费。而实际上，巴黎市内每隔 200 多米就有一个联网租赁站。大多数巴黎市民骑车车程也不会超过 30 分钟，租赁后在任何一个租赁站归还，相当于是免费服务
哥本哈根	市中心约有 150 处自行车停车点，任何人将 20 克朗硬币放进车链上的孔眼内，便可以使用这种公共自行车，用完再锁在任何一个存车处，取出硬币即可
伦敦	现有 273 英里的自行车道，其中一半是 2000 年后修建的，想租赁自行车的市民用手机给服务中心发条短信，就会收到一个开锁密码，通过这个密码，用户可在市内任何一个租车停放处自行取车
里昂	自 2005 年 5 月以来，里昂市的 3 000 辆租赁自行车已行驶了 1 609 万千米，这一数据相当于减少了汽车行驶所排放的 3 000 吨二氧化碳气体；推行自行车项目以来，里昂市的机动车流量下降了 4%

案例　杭州公共自行车服务系统

▶方法：

杭州公交 IC 卡 A 卡（成人优惠卡）、B 卡（学生优惠卡）、C 卡（老年优惠卡）、D 卡（普通卡）及 T 卡（一卡通）和已开通公交功能的市民卡，在所持卡的电子钱包区内存入 200 元公共自行车租用信用保证金及租车资费。无公交 IC 卡的市民和中外游客，使用杭州公交 IC 卡 Z 卡。

▶费用：

1 小时之内：免费　　　1 小时以上 2 小时以内：1 元

2 小时以上 3 小时以内：2 元　　　3 小时以上：3 元/时

▶优惠：

凡乘公交车，在公交车 POS 机上刷卡乘车起的 90 分钟内，租用公共自行车的，租车者的免费时间可延长为 90 分钟，同时计费结算时间也相应顺延。

▶流程：

● 租车：将具有租车功能的 IC 卡放在有公共自行车的锁止器的刷卡区刷卡，此时，锁止器界面上的绿灯闪一下变常亮，听到蜂鸣器发出"嘀"响声，表示锁止器已打开，租车人应及时（30 秒内）将车取出，则完成租车。租车刷卡时租车者的 IC 卡（Z 卡除外，Z 卡信用保证金充值时已存储在系统内）电子钱包区的 200 元金额，作为信用保证金从卡内扣除，存储在管理系统内。租车流程如图 3-23 所示。

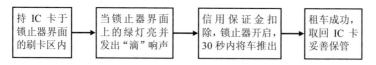

图 3-23　租车流程图

● 还车：将所租的自行车推入锁止器，当绿灯闪亮时，及时将租车时的 IC 卡在锁止装置的刷卡区进行刷卡，当绿灯停止闪亮，听到蜂鸣器发出"嘀"响声，表示车辆已锁止，还车成功。同时还车刷卡时，系统已停止计时并完成计时收费结算。还车时还车人应确认车辆已被锁止。如未锁止（车辆仍可脱离锁止器时），应重新操作还车。因未检查，造成锁止器未锁止，所还自行车所产生的损失，由还车人承担。流程如图 3-24 所示。

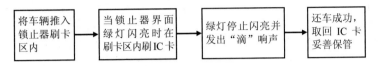

图 3-24　还车流程图

● 公共自行车服务点自助服务机操作指南：固定标准式公共自行车服务点均设有自助服务机，此机具有将信用保证金返还至还车人 IC 卡内，以及查询 IC 卡余额及租用情况等功能。

（1）还车后，还车者的 IC 卡（除 Z 卡外，Z 卡的信用保证金存储在系统内）若需返还信用保证金的，可在任意所设置的自助服务机上，按规定的程序操作，返还信用保证金至 IC 卡内。

（2）若需经常租用公共自行车的，建议租车者不必进行返还信用保证金操作。若还车后未进行返还信用保证金操作的，以后该 IC 卡仍可顺利租车，系统将不再重复扣取该 IC 卡的租车信用保证金。

（3）确需返还信用保证金的，在自助服务机上操作。

（4）查询租还车消费记录：若租用者需要查询本次租还车消费情况，在自助服务机上操作。

案例　北京东城长青园小区自行车设施

以长青园小区为例，在小区 8 号楼东北方向，设置了有 15 个车位的长青园小区站；在距离小区 1.1 公里的天坛东门南侧 50 米的地铁天坛东门 C 出入口设置了地铁天坛东门南侧站；在距离小区 1.5 公里的龙潭公园北门设置了龙潭湖公园北门站，从而形成了小区到重要公交接驳站和公园的骑行网络（图 3-25）。

图 3-25　自行车设施实景图

6. 智慧交通系统

充分运用信息技术等高新技术，提升交通决策、管理和服务的智能化、信息化水平，促进交通资源配置更加有效，公众出行更加安全、高效和便捷，并达到辅助节能减排的作用。智能交通的发展重点应以提升公共交通信息化为最主要方向。

1）道路交通信息化

道路交通信息化主要是实现道路流量、速度等信息的实时采集、快速处理、及时发布等，一方面满足交通管理部门的交通管理需求，另一方面为出行者提供各种出行信息服务。

完善道路信息采集和监控系统（图 3-26）。可通过线圈数据、出租车载 GPS 系统采集数据。增加道路监控设施，实现对车辆和重点路段的实时监控。

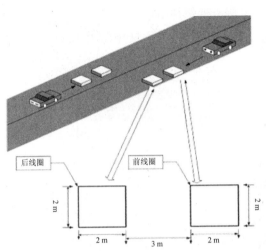

图 3-26　道路交通数据采集和监控

　　建立道路交通信息综合平台，并完善交通数据汇集机制。远期实现与公交信息、物流信息等融合，实现综合交通信息数据整合采集、处理、应用和发布。

　　实现各类道路交通信息的及时发布，为出行者提供便利信息（图 3-27）。

图 3-27　道路交通诱导可变情报板

2）公共交通信息化

　　公交信息分为静态的与动态的。实现可发布的、可信度高的公交信息的前提是公交信息的采集、处理和发布一体化系统的高度自动化。居民对出行的要求将从"速度"转为"准点"，这正是公交可以与个人交通竞争之处。而公交信息的发布系统正是最佳切入点。建立公交信息服务框架体系。

实现公交信息发布,途径包括公交站点信息、手机信息、网站信息等(图3-28)。

图 3-28　公交信息发布途径

发展公交智能调度,提高公交企业经营管理和服务水平。

提供公交无线网络(Wi-Fi)服务,提升公交服务品质。规范并发展出租车电调、网络预约、手机预约等多种模式,减少出租车空驶率,提供多元化的出租车服务。

7. 绿色交通出行新理念

1)公交定制服务

青岛市于 2013 年 8 月开通我国第一条定制公交线,北京公交集团也拟于 9 月份开通公交定制服务。公交定制服务是一种提倡公交集约化出行,促进节能减排,缓解城市交通拥堵的新尝试(图3-29)。

图 3-29　定制公交服务

2）停车换乘（P+R）

停车换乘在国外一些大都市使用普遍，它适合于布置在一些进出城的放射性轨道交通或公交线路位于城市边缘的站点（图 3-30）。一般要求停车场与公共交通站点高度整合，并给予停车换乘优惠。对于通道，可以考虑在某些重要公交走廊上设置停车换乘点，鼓励小汽车换乘公交进入市区。

图 3-30　上海 P+R 停车场指示牌和 6 处 P+R 停车场（库）的告示

3）骑车换乘（B+R）

对于在一些人口并非十分稠密，公交线路难以实现高密度覆盖的地区，骑车换乘是一种有效增加公交覆盖范围的一种模式。国外的 B+R 一般有两种，一种是 Bike-Ride-Bike，也就是将自行车放置在公交车头前部，实现人车共同乘车，一般一辆公交车的车头可搭载两部自行车，该模式国内几乎没有，主要是由于其造成公交运行效率降低，但在人口密度低的郊区，在不追求通勤出行时效的情况下，也可尝试；另一种是 Bike-Park-Ride，也就是站点停放自行车后换乘公交，这种模式在国内也比较常见，这需要在公交站点设置良好的停车换乘设施（图 3-31）。

图 3-31　澳大利亚堪培拉的 B+R 设施

以上几种模式主要还是使用绿色交通方式的绿色出行。当然，并非只是使用了绿色交通方式才是绿色出行。一些使用小汽车的行为也可认为是属于绿色出行的范畴，例如：

1）绿色驾车

形成良好的驾车习惯，也可以实现节能减排。比如，清空后备厢、匀速行驶、保持合适胎压等。当然，少开一天车，在家远程办公减少出行等也是绿色出行的体现。

2）汽车共享（Car sharing）

目前，国外汽车共享发展迅速，成为控制小汽车保有量增长的重要手段。比如，巴黎提供电动汽车共享服务（Autolib）（图 3-32）。

图 3-32　巴黎电动汽车共享

3）合乘车专用道（HOV lane）

HOV 车道（High occupancy vehicle lane），即大容量车辆车道，是美国、加拿大等国家为提高道路使用效率、缓解交通拥堵、促进交通节能减排而采用的交通管理措施。在这种车道上只能行驶公共汽车或"拼车"族的车或供乘坐两人以上的车辆使用，坐多名乘客的车辆可以免费通过收费桥梁或道路等。HOV 车道也体现了道路资源的一种集约化的使用模式（图 3-33）。

图 3-33　国外的 HOV 车道

3.2.3 国家在交通领域重点推广的低碳技术目录

表 3-8 国家在交通领域重点推广的低碳技术目录

技术名称	适用范围	主要技术内容	典型项目					目前推广比例（%）	该技术在行业内的推广潜力（%）	未来5年节能潜力		
			适用的技术条件	建设规模	投资额（万元）	节能量（t标煤/a）	二氧化碳减排量（tCO₂/a）			预计总投入（万元）	预计节能能力（万t标煤/a）	预计二氧化碳减排能力（万tCO₂/a）
汽车混合动力技术	汽车行业混合动力汽车	再生制动能量回收技术；消除怠速工况技术；高效率混合动力专用发动机技术；整车集成和整车控制策略优化匹配技术等	混合动力汽车	100辆混合动力系列车	单台混合动力汽车平均增加投资5万元	0.71/车	1.87/车	5	20	15 000 000（300万辆）	210	554
混合动力交流传动调车机车技术	交通行业-各铁路段、场（段）及地铁、城轨等内部调车铁路的调车作业	采用多能源动力总成控制及再生制动能量回收等关键技术，使调车作业既可单独使用柴油发电机或蓄电池供电，也可同时使用二者供电，实现机车节油降耗的目的	混合动力系列机车	年产100台混合动力系列机车生产线	10 000	8 100	21 384	<1	10	200 000	16	42

3.3　低碳能源系统

低碳能源是替代高碳能源的一种能源类型，它是指二氧化碳等温室气体排放量低或者零排放的能源产品，实行低碳能源是指通过发展清洁能源，包括风能、太阳能、核能、地热能和生物质能等替代煤炭、石油等化石能源以减少二氧化碳排放。

3.3.1　指南要求

常规能源高效利用。试点社区能源系统应优先接驳市政能源供应体系。市政管网未通达社区，应建设集中供热设施，优先采用燃气供热方式，有条件的地区应积极利用工业余热或采用冷热电三联供。

可再生能源利用设施。鼓励可再生能源丰富的试点社区，积极建设太阳能光电、太阳能光热、水源热泵、生物质发电等可再生能源利用设施，采用太阳能路灯、风光互补路灯等新能源设备，在公交车站棚、自行车棚、停车场棚等建设光伏发电系统。构建集分布式电源接入及储能、电能质量与负荷管理等功能于一体的智能微电网系统。

能源计量监测系统。试点社区应在建筑及市政基础设施的建设过程，同步设计安装电、热、气等能源计量器具，建设能源利用在线监测系统，实现能源利用的分类、分项、分户计量。

3.3.2　技术要点

建设实施中重点考虑常规能源高效利用和利用常规能源高效等方面。

1. 常规能源高效利用

试点社区能源系统应优先接驳市政能源供应体系。市政管网未通达社区，应建设集中供热设施，优先采用燃气供热方式，有条件的地区应积极利用工业余热或采用冷热电三联供。

1）工业余热或废热利用

工业余热或废热主要包括由工业生产中产生的尾气余废热、冷却余热、废气废水余废热等，对其进行合理利用，不但可以满足不同用户对能源的需要，同时实现能源梯级综合利用，节约运行费用。

尾气余废热利用主要是回收烟气中热量，一般可通过换热器来实现，这是工业余热或废热利用常见的形式。对于温度较高的尾气，可以用于制冷（采用溴化锂吸收式）和冷热电三联供；对于温度较低的尾气，可以直接将热量加以回收利用。

冷却余热利用主要是利用生产中用来冷却设备的工艺循环冷却水中热量，但由于这些冷却水的温度通常不高（如低于常规热水采暖系统的供水温度），因此出于经济、技术性上的考虑，则可通过结合热泵和热水锅炉加以热利用。

需要重点关注的是工业余热或废热利用的经济性、技术性，与相关工艺生产的特点相结合，以便于提高能源的综合利用效率。

2）冷热电三联供

冷热电三联供是以天然气为主要燃料带动发电设备运行产生的电力，系统发电后排出的余热用于供热、制冷。通过将发电、供热和制冷过程一体化方式提高了系统的一次能源利用率，实现了能源的梯级和综合利用。

使用冷热电三联供技术可降低电网夏季高峰负荷，填补夏季燃气的低谷，平衡能源利用，实现资源的优化配置，是科学合理地利用能源的双赢措施。冷热电三联供工程具体技术要求可参见《燃气冷热电三联供工程技术规程》（CJJ 145—2010），但在应用冷热电三联供技术时，须进行科学论证，从负荷预测、系统配置、运行模式、经济和环保效益等多方面对方案作可行性分析，系统设计满足地区相关技术规范的要求。

2. 可再生能源利用设施

鼓励可再生能源丰富的试点社区，积极建设太阳能光电、太阳能光热、水源热泵、生物质发电等可再生能源利用设施，采用太阳能路灯、风光互补路灯等新能源设备，在公交车站棚、自行车棚、停车场棚等建设光伏发电系统。构建集分布式电源接入及储能、电能质量与负荷管理等功能于一体的智能微电网系统。

目前建筑领域可再生能源利用主要集中在太阳能利用和地源热泵技术两个方面。

1）太阳能利用

太阳以电磁波的形式向宇宙辐射能量，称为太阳辐射能，简称太阳能。按是否有机电设备，太阳能利用可以分为被动式和主动式，本节所指的可再生能源利用设施——太阳能利用是指主动式。从能量转化方式来说，建筑中太阳能主要有太阳能光热技术和太阳能光电技术两类。

太阳能光热技术是指将太阳辐射能转化为热能进行利用的技术，目前建筑中有太阳能热水系统、太阳能采暖系统、太阳能驱动制冷（如吸收式）3 种利用方式，其中太阳能热水系统是最广泛的太阳能热利用方式。

目前建筑中太阳能光电技术常见的是建筑光伏发电系统和太阳能灯。建筑光伏发电系统主要由太阳能电池、充放电控制器、蓄电池、负荷等部分组成。其中，光电池组件由多个单晶硅或多晶硅单体电池通过串并联组成，其主要作用是把光能转化为电能；充放电控制器主要用来控制蓄电池的充电和放电，并具有反向放电保护功能和极性反接电路保护功能，还能够实现对系统的监控和数据采集；蓄电池为系统的储能设备，它的主要作用是将太阳能电池所产生的电能储存起来，在用户需要时提供能源。

太阳能利用在国家和地方已有大量的规范标准，这为建筑工程的应用提供了要求和参考。

太阳能常用形式

▶太阳能路灯

技术简介：太阳能路灯以太阳光为能源，白天太阳能电池板给蓄电池充电，晚上蓄电池给负载供电使用，无须复杂昂贵的管线铺设，可任意调整灯具的布局，安全节能无污染，无须人工操作工作稳定可靠，节省电费免维护（图 3-34）。

实施建议：选择主干道路进行应用示范。

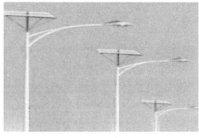

图 3-34　太阳能路灯

▶太阳能景观用灯

技术简介：太阳能景观灯以太阳能作为电能供给用来提供夜间道路照明，采用高光效照明光源设计，光控加时控，亮度高、安装简便、不消耗常规能源，属于当今社会大力提倡利用的绿色能源产品（图 3-35）。

实施建议：绿地示范应用。

图 3-35　太阳能景观用灯

▶风光互补路灯

技术简介：风光互补路灯的应用方向以离网为主。国内此类路灯配备的风力发电机启动风力一般要求大于 3 米/秒，额定风力一般为 7 米/秒左右，鉴于产品技术成熟度以及价格等原因，还未大面积推广应用（图 3-36）。

实施建议：主干道路、绿地示范应用。

图 3-36　风光互补路灯

2）地源热泵技术

地源热泵系统是以岩土体、地下水或地表水为低温热源，由水源热泵机组、地热能交换系统、建筑物内系统组成的供热空调系统。根据地热能交换系统形式的不同，地源热泵系统分为地埋管地源热泵系统、地下水地源热泵系统和地表水地源热泵系统。

地源热泵系统最为常见的形式是垂直埋管地源热泵系统，其与水平埋管方式相比具有埋管场地需求小的特点。其通过冬季提取地下热量、夏季向地下排放热量的方式，因此在该系统中要注意系统冷热排放的平衡，以保证系统常年高效运行。由于地下水地源热泵系统利用的是抽取的地下水能量，因此为节约水资源和系统常年高效运行，该系统应保证地下水的回灌。地表水地源热泵系统常见利用水源包括江水、河水、湖水、水库水以及海水，其系统应用重点是保证取水器的安全。

3. 能源计量监测系统

试点社区应在建筑及市政基础设施的建设过程，同步设计安装电、热、气等能源计量器具，建设能源利用在线监测系统，实现能源利用的分类、分项、分户计量。

案例　深圳万科中心能源计量监测系统

万科中心位于广东省深圳市盐田区大梅沙旅游度假区，是一个集酒店、公寓、办公、娱乐休闲，会展，商业于一体的大型建筑综合体，总用地面积为 6.1 万平方米，总建筑面积为 11.9 万平方米，建筑总高度 35 米（图 3-37）。

图 3-37　项目效果图

在万科中心总部地下室项目设有能源计量监测系统，实时监测大楼的能源消耗。在每个配电回路均设有计量电表，计量电表与万科总部的楼宇监控系统连接，具有监测实时数据功能，用于运行数据的管理分析。

电耗监测：对大楼各支路及重要用能设备进行监测，通过设置将近 200 个电耗采集点，实现对大楼分项（照明插座、空调、动力、特殊）、分层、分区域用能分析与评价。

水耗监测：对大楼生活水、中水（各层）、空调补水等进行监测，实现对用水状况、中水利用评价与分析（图 3-38）。

冷量监测：对大楼不同类型、各区域空调系统的冷量进行监测，实现对不同空调系统效率的评价与分析。

图 3-38　能源计量监测实景图

案例 四川大学节能计量监管平台

四川大学节约型校园建筑节能监管平台建设项目属国家级建设项目，因此，此次建设项目不仅要能符合国家的相关要求，而且还要满足学校的实际情况。在保证节能平台完成各种能耗数据采集功能的基础上，要求系统可以与省级、国家级监管平台对接，同时，还可以为学校的科研和教学活动提供数据和功能支持，为学校节约型校园的建设、提升学校的内部管理水平作出贡献。

根据《高等学校节约型校园建设管理与技术导则》制订了校园建筑节能监管平台建设的总体目标：校园设施技术节能与运行管理节能并行、带动行为节能、培训绿色校园文化、实施量化、指标化管理。

学校目前主要使用能源为水、电两大类。节能监管平台根据校园特点，改造试点建筑并整合学校原有的能耗系统，基于物联网技术，实时采集能耗数据，对学生生活能耗、科研办公能耗、教学能耗及公共设施能耗等进行实时检测，更好地对校内数据进行收集和整理，进行比对、分析和审计，制定用能行为指导规范、设置用能标杆、定额管理，以保证节能减排目标的顺利完成（图 3-39）。

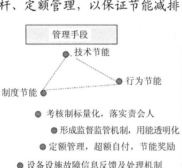

管理手段
● 技术节能
● 行为节能
制度节能 ●
● 考核制标量化，落实责会人
● 形成监督监管机制，用能透明化
● 定额管理，超额自付，节能奖励
● 设备设施故障信息反馈及处理机制

管理目标
● 节能目标管理，年均降耗幅度 3%（5 年规划 15%）
● 强化物业综合运营效益，提高设备设施利用率
● 促进师生全员的节能意识，倡导合理用能习惯

管理组织结构、角色
● 监督巡视员 ● 专家及分析师
● 科室、院系主管
● 物业后勤中心
● 设备设施维护员
● 系统管理员

管理流程
● 改进、改造措施
● 过程监督、考核及评估
● 定额分配机制建立
● 资源消耗数据获取

图 3-39 总体设计思路图

最终能实现以下方面的信息公示:

▶分类建筑电总量

通过选择月、年统计高校13大类建筑的用电量情况,用饼状图的形式展现(图3-40)。

图 3-40　高校 13 大类建筑用电情况

▶分类建筑水总量

通过选择月、年统计高校13大类建筑的用水量情况,用饼状图的形式展现(图3-41)。

图 3-41　高校 13 大类建筑用水情况

▶总电量

通过选择起始日、月、年来统计高校所有建筑的用电总量及各个建筑的用电量。采用饼状图+表格数据展现。选择查询条件后,首先统计建筑总用电量。右边分页展示该日期内有用电量的建筑,建筑按照用电量倒序排序。一页中展示11条建筑,饼状图中相应展现建筑的用电量及占比。占比的计算方式为:某建筑用电量/建筑总用电量。饼状图中余下建筑即除当前展现建筑外的其他建筑。表格数据翻页时，饼状图的信息相应展现。如图 3-42 所示：

图 3-42　高校所有建筑用电总量及各建筑用电量情况

▶总水量

通过选择起始日、月、年来统计高校所有建筑的用水总量及各个建筑的用水量。采用饼状图+表格数据展现。选择查询条件后，首先统计建筑总用水量。右边分页展示该日期内有用水量的建筑，建筑按照用水量倒序排序。一页中展示 11 条建筑，饼状图中相应展现建筑的用水量及占比。占比的计算方式为：某建筑用水量/建筑总用水量。饼状图中余下建筑即除当前展现建筑外的其他建筑。表格数据翻页时，饼状图的信息相应展现。如图 3-43 所示：

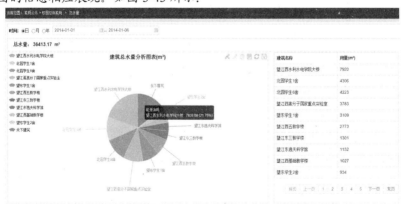

图 3-43　高校所有建筑用水总量及各建筑用电量情况

▶人均能耗

查看建筑下人均用水、人均用电情况。如图 3-44 所示。

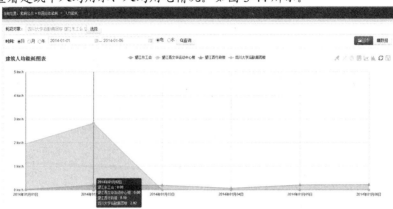

图 3-44　建筑人均能耗情况

▶单位面积能耗

查看建筑下单位面积用水、单位面积用电情况。如图 3-45 所示。

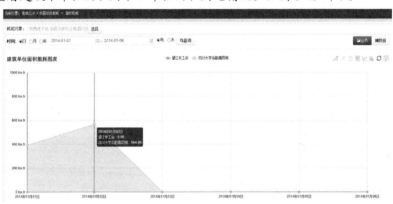

图 3-45　建筑单位面积能耗情况

▶分类能耗公示

查看建筑的分类能耗统计。左边展示所有的建筑，点击建筑后，选择统计的月、年后查看统计日期下的分类能耗使用情况，并换算成标准煤单位。功能采用柱状图表示，如图 3-46 所示。

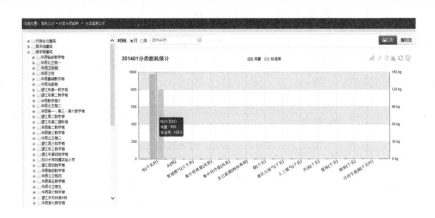

图 3-46　建筑分类能耗统计情况

▶分项能耗公示

查看建筑的分项能耗统计。左边展示有能耗分项的建筑，点击建筑后，选择统计的月、年后查看统计日期下的分项能耗统计情况，并换算成标准煤单位。功能采用柱状图表示，如图 3-47 所示：

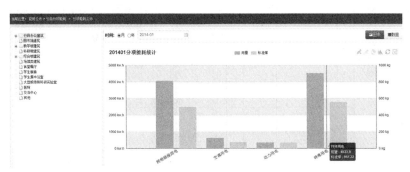

图 3-47　建筑分项能耗统计情况

其中各分项能耗换成标准煤的计算是：

$$标准煤（kg）= 某分类能耗（kW·h）× 0.122\ 9$$

3.3.3 国家在能源领域重点推广的低碳技术目录

表3-9 国家在能源领域重点推广的低碳技术目录

序号	技术名称	适用范围	主要技术内容	典型项目					目前推广比例(%)	该技术在行业内的推广潜力(%)	未来5年节能潜力		
				适用的技术条件	建设规模	投资额(万元)	节能量(t标煤/a)	二氧化碳减排量(tCO$_2$/a)			预计总投入(万元)	预计节能能力(万t标煤/a)	预计二氧化碳减排能力(万tCO$_2$/a)
1	热泵节能技术	建筑行业建筑物的采暖供冷	地源热泵技术地源热泵技术是利用地下浅层地热，可供热又可致制冷的高效节能系统	地埋管土壤源热泵，民用建筑供冷负荷基本一致的情况下使用，如北方地区新建共建筑和住宅等	山东省煤田地质局第四勘探队办公楼	1 000	381	1 006	10	50	120 000	90	207
			水源热泵技术水源热泵技术是利用地下浅层水源和地表水源中的低温热能，实现低位热能向高位热能转移的一种技术	允许使用地下浅层水能全部回灌，江河湖海水及污水源热泵系统，建筑供热/供冷，如北方地区公共建筑和住宅等	奥运村建41.325万m²建筑	11 080.47	8 000	18 400	40	70	8 000 000	80	184

序号	技术名称	适用范围	主要技术内容	典型项目					目前推广比例(%)	未来 5 年节能潜力			
				适用的技术条件	建设规模	投资额（万元）	节能量（t 标煤/a）	二氧化碳减排量（tCO₂/a）		该技术在行业内的推广潜力(%)	预计总投入（万元）	预计节能能力（万 t 标煤/a）	预计二氧化碳减排能力（万 tCO₂/a）
2	热泵技术之三——空气源热泵冷、暖、热水三联供系统技术	以民用、商用建筑节能产品为主，选择大中型商用机构商场、医院、小区、宾馆、酒店、办公楼、洗浴楼、中心等场所的大中小冷气、暖气、集中生活热水供应系统	高度集成"三位一体"，采用电驱动，蒸气压缩循环，供冷同时供生活热水，供暖同时供生活热水，单独供冷、单独供暖、单独供生活热水的设备	不同建筑类型、不同气候类型，也行业领域均可应用	22 000 m²	610	855	2 257	40	60	700 000	89	235

序号	技术名称	适用范围	主要技术内容	典型项目					目前推广比例（%）	该技术在行业内的推广潜力（%）	未来5年节能潜力		
				适用的技术条件	建设规模	投资额（万元）	节能量（t标煤/a）	二氧化碳减排量（tCO₂/a）			预计总投入（万元）	预计节能能力（万t标煤/a）	预计二氧化碳减排能力（万tCO₂/a）
3	热电协同集中供热技术	集中供热行业	以热泵机组代替常规水换热器，热泵机组使用余电保持所需回水温度。在供热首站由电厂、石化、钢铁等规模化替常规汽水换热器，回收电厂余热。实现远郊电厂的长距离、大温差输送	由电厂、石化、钢铁等工业企业供热的集中供热系统	华电第一大同热电厂 2×135MW 机组供热系统改造	9270	76 000	200 640	2	15	140 000	120	317
4	蒸汽节能输送技术	热力输送城镇集中供热、热电联产蒸汽汽产蒸汽能输送、分布式能源配套热网等	热、热电采用纳米绝热层，复合保温结构，隔热支架，减少蒸汽输送过程中的热损耗量，分布式能源配套供热等	城市集中供热（蒸汽）、热电联供、分布式供热等	单线管长 21 km，最大供热量为 171 t/h，年供热量为 314.3 万 GJ	1 000	6 500	17 000	2	20	200 000	280	739

序号	技术名称	适用范围	主要技术内容	典型项目				目前推广比例(%)	该技术在行业内的推广潜力(%)	未来5年节能潜力		
				建设规模	投资额(万元)	节能量(t标煤/a)	二氧化碳减排量(tCO$_2$/a)			预计总投入(万元)	预计节能能力(万t标煤/a)	预计二氧化碳减排能力(万tCO$_2$/a)
5	分布式能源冷热电联供技术	大型楼宇建筑,容积率较高的综合物业形态区域	用能建筑就近建设能源站,采用天然气作为主要能源发电,发电机产生的尾气用来制冷与采暖,能源梯级利用,能源利用率可高达85%	总面积17.6万 m²	5 550	1 302	3 437	<1	10	150 000	90	238
6	分布式水泵供热系统技术	建筑	分布式水泵工艺改造、气候补偿、分时分区、集中监控	供热面积645万 m²	723	16 874	44 547	2	5	100 000	104	275
7	浅层地能利用之一:单井循环换热地能采集技术	建筑供暖	以循环水为介质,单井全封闭循环换热,实现集浅层地能,动态平衡下自然能循环利用。具有较强的可设计性和较为广泛的适应性	9.3万 m²	3 242	3 372	8 902	4	20	4 200 000	300	792

适用的技术条件(序5): 1.有较为稳定的冷热负荷及电负荷;2.有稳定可靠的天然气供应;3.有相应的场地可供建设

适用的技术条件(序6): 热电联产、多热源联网集中供热系统

适用的技术条件(序7): 适用于粗砂、砾石、粉砂、细砂、黏土等地质条件

序号	技术名称	适用范围	主要技术内容	典型项目					目前推广比例（%）	未来5年节能潜力			
				适用的技术条件	建设规模	投资额（万元）	节能量（t标煤/a）	二氧化碳减排量（tCO$_2$/a）		该技术在行业内的推广潜力（%）	预计总投入（万元）	预计节能能力（万t标煤/a）	预计二氧化碳减排能力（万tCO$_2$/a）
8	浅层地能利用之二：浅层地（热）能同井回灌技术	建筑供暖	采用独特的成井工艺，井深为150～260 m，解决了换热提能问题，四周添加了250 m厚的石英砂为滤料层，标准适用井深度小于300 m，地下水温度14～20℃，松散岩地质结构，降低了水流类含水层的流速，延长了换热的交换，提高了换热量，使出水温度处于相对恒定状态		1.2 万 m²	235	160	422	1	8	396 000	27	71
9	智能热网监控及运行优化技术	建筑行业供热/供冷	建设智能运营管理平台，结合气候补偿、分时分区、多热源联网优化运行等技术，实现供热系统的动态负荷预测、全网调度、运行趋势分析、能耗分析等功能，实现供热过程的智能集中监控与远程调度	间接供热系统	供热面积845 万 m²的民用采暖项目	3 597	9 902	26 145	3	5	96 000	18	48

序号	技术名称	适用范围	主要技术内容	典型项目					目前推广比例（%）	该技术在行业内的推广潜力（%）	未来 5 年节能潜力		
				适用的技术条件	建设规模	投资额（万元）	节能量（t标煤/a）	二氧化碳减排量（tCO₂/a）			预计总投入（万元）	预计节能能力（万t标煤/a）	预计二氧化碳减排能力（万tCO₂/a）
10	燃气锅炉烟气余热利用技术之一：宽通道双级换热燃气锅炉烟气余热回收技术	建筑行业供暖、燃气锅炉	通过设置两级换热器，充分回收燃气锅炉排烟中的显热和潜热。利用高效气-气换热器回收燃气锅炉烟气余热预热燃气锅炉给风；利用高效烟气-水换热器回收烟气余热预热燃气锅炉给水。提高了锅炉能效，实现了节能减排	燃气锅炉排烟温度>40℃、$NO_x>40\times10^{-6}$	14MW 燃气锅炉烟气余热利用项目	120	236	541	5	20	50 000	10	23
11	燃气锅炉烟气余热利用技术之二：烟气源热泵热能供热节能技术	民用及工业燃气锅炉和直燃机的余热回收	采用三级降温两级换热的热能梯级利用方式，利用汽-水换热器和热源热泵将烟气中的热能（显热和潜热）回收利用	燃气锅炉房内外须有一定的位置或空间安装设备。每吨锅炉供热负荷需要增加 10 kW 的电容量	2 000 m² 建筑供热和学生浴室每天 50 t 热水	45	90	214	<1	3	50 000	10	24

序号	技术名称	适用范围	主要技术内容	典型项目						未来 5 年节能潜力			
				适用的技术条件	建设规模	投资额（万元）	节能量（t 标煤/a）	二氧化碳减排量（tCO$_2$/a）	目前推广比例（%）	该技术在行业内的推广潜力（%）	预计总投入（万元）	预计节能能力（万 t 标煤/a）	预计二氧化碳减排能力（万 tCO$_2$/a）
12	燃气锅炉烟气余热利用技术之三：喷淋吸收式烟气余热回收技术	建筑行业	通过中间介质在直接接触式烟气冷凝热器中吸收烟气冷凝热；采用喷淋式直接接触式换热方式，使系统排烟降温至露点温度以下，回收烟气热网回水，用于加热热网回水。解决了间壁式换热器存在的腐蚀难题，提高了天然气锅炉供热系统的能效	燃气热水锅炉供热 29MW 燃气锅炉房及燃气热电气锅炉烟气热回收项目，分布式能源站气余热回收项目等		600	1 041	1 697	<1	10	800 000	340	554

3.4　水资源利用系统

　　水资源的节约和循环利用一直以来都是我国低碳发展、绿色发展的重要方面，城市社区作为城市最主要的用水单元，节水的责任和效益都很大，《指南》中对水资源利用系统提出了低碳要求。

3.4.1　指南要求

　　给排水设施。统筹社区内、外水资源，优先接驳市政给排水体系，同步规划建设供水、排放和非传统水源利用一体化设施，鼓励雨污分流，倡导污水社区化分类处理和回用，构建社区循环水务系统。给排水管网建设同步安装智能漏损监测设备，实现实时监测、分段控制。

　　非传统水源利用。从单体建筑、小区、社区三个层面统筹建设中水回用系统。采用低影响开发理念，建设雨水收集、利用、控制系统，优先采用透水铺装，合理采用下凹式绿地、雨水花园和景观调蓄水池等方式利用雨水，实现与其他自然水系和排水系统的有效衔接。

3.4.2　技术要点

　　1. 统筹利用社区水资源

　　统筹社区内、外水资源，优先接驳市政给排水体系，同步规划建设供水、排放和非传统水源利用一体化设施，鼓励雨污分流，倡导社区污水社区化分类处理和回用，构建社区循环水务系统。给排水管网建设同步安装智能漏损监测设备，实现实施监测、分段控制。

　　首先，结合当地政府规定的节水要求、城市水环境专项规划以及项目可利用水资源状况，因地制宜地制订社区水资源利用方案或措施，是进行统筹社区水资源利用的首要步骤。社区可利用水资源状况、所在地区的气象资料、地质条件及社区周边市政设施情况等因素应重点考虑，以使制订的社区水资源利用方案或措施具有针对性。

其次，可利用水资源指在技术上可行、经济上合理的情况下，通过工程措施能进行调节利用且有一定保证率的那部分水资源量。可利用水资源主要包括：

市政自来水：市政自来水是最主要的社区水资源，是城市用水的重要保障，能够满足社区居民的洗衣、做饭、饮用等各方面的用水需求。

建筑污废水：建筑污废水的利用一般分为复用和循环利用。复用，即梯级利用，指根据不同用水部门对水质要求的不同，对污废水进行重复利用。循环利用则是通过自建处理设施对污废水进行处理，使出水水质达到杂用水使用要求后，用作杂用水。建筑污废水的来源，既可以是项目自身产生的污废水，也可以是通过签订许可协议从周边其他建筑得到的污废水。

市政再生水：当社区有市政再生水利用条件（项目所在地在市政再生水厂的供水范围内或规划供水范围内）时，通过设置再生水供水系统，可以充分利用市政再生水，代替市政自来水用于满足项目各种杂用水需求。

雨水：项目通过设置雨水收集贮存设施和处理设施，对雨水进行收集、处理，回用于景观补水、空调冷却补水，绿化灌溉、道路浇洒等杂用水。

河湖水：当社区所在地周边的地表水资源较为丰富且获得便利时，在通过市政、水务或水利等相关管理部门许可的前提下可以有效利用周边的河湖水。

海水：临海社区在经济技术条件合适情况下，可利用海水。

最后，优先统筹考虑社区内水资源的各种情况，实现综合利用。社区内往往包含多种建筑类型，如住宅、办公建筑、商店、餐饮建筑、学校、旅馆等，各种类型建筑水资源需求情况各异，这是社区水资源综合利用的基础条件，应进行综合考虑。例如，社区范围内邻近旅馆建筑的优质杂排水，经处理后回用于周边的办公建筑、商店的室内冲厕等，充分利用不同梯级的水体，实现水资源的综合利用。

案例　中国移动国际信息港水资源综合利用

中国移动国际信息港定位为集国际化支撑、研发创新、信息服务、产业集群、国际合作交流及展示等功能于一体的世界一流基地。建设内容包含数据机房、实验室、客服用房、研发办公、国际化支撑办公、行政办公、综合办公、网络展示中心及公共服务设施用房等。位于北六环和八达岭高速路交界处，净用地 894 亩，总占地 1 322 亩。规划总建筑面积 130 万平方米。项目开展了以下水资源综合利用工作（图 3-48）：

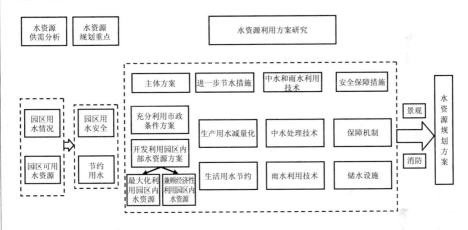

图 3-48　水资源综合利用方案示意图

- 水资源组成分析，测算园区、建筑物的水资源消耗量、排放量，各种用水的水质需求；
- 制订中水、雨水利用规划方案；
- 水资源综合利用的有关要求和控制目标。

2. 节水器具与节流措施

1）器具节水

《水嘴用水效率限定值及用水效率等级》（GB 25501—2010）、《坐便器用水效率限定值及用水效率等级》（GB 25502—2010）、《小便器用水效率限定值及用水效率等级》（GB 28377—2012）、《淋浴器用水效率限定值及用水效率等级》（GB 28378—2012）、《便器冲洗阀用水效率限定值及用水效率等级》（GB 28379—2010）等规定了节水器具各等级下的流量（或水量）。节水器具具体限值标准见表 3-10。

表 3-10　节水器具限值标准

节水器具			用水等级		
			1 级	2 级	3 级
坐便器用水量/L	单挡		4.0	5.0	6.5
	双挡	大挡	4.5	5.0	6.5
		小挡	3.0	3.5	4.2
		平均值	3.5	4.0	5.0
大便器冲洗阀用水量/L			4.0	5.0	6.0
小便器冲洗阀冲洗水量/L			2.0	3.0	4.0
小便器冲洗水量/L			2.0	3.0	4.0
水嘴流量/（L/s）			0.100	0.125	0.150
淋浴器流量/（L/s）			0.08	0.12	0.15

注：表中节水器具流量（或水量）对应的压力条件参考相关设备效率等级标准规定。

2）灌溉节水

判定在绿化灌溉是采用节水装置（喷灌、微喷灌、滴灌等）的基础上，根据实际绿化灌溉用水量按表 3-11 判定得分。绿化节水灌溉用水量可通过运营记录得到。

表 3-11　浇洒草坪、绿化年均灌水定额　　　　单位：m³/（m²·a）

草坪种类	灌溉定额		
	特级养护	一级养护	二级养护
冷季型	0.66	0.50	0.28
暖季型	—	0.28	0.12

3）节流措施

考察节水设备器具是否高效运行，包括压力分区运行效果、减压设施运行效果、管网漏损率（表 3-12）。

表 3-12 节水设备器具高效运行考核指标

1 级指标	2 级指标	评价内容或限值
节流措施	压力分区运行效果	用水点压力不大于 0.30MPa
	减压设施运行效果	用水点压力不大于 0.20MPa， 且不小于用水器具要求的最低工作压力
	管网漏损率	8%
		5%
		3%

案例　北京师范大学节水项目介绍

北京师范大学作为北京市重点用能单位，一直把建设节约型校园作为重要任务之一。结合学校自身实际情况，在创建节约型校园的过程中注重从管理节能、观念节能和科技节能入手，科学规划节约型校园建设，降低办学成本，提高办学效益，为促进学校长期良性快速发展创造条件。通过加强节水实践工作，取得显著的节能效果。年用水量从 1985 年的 192 万立方米下降至 2010 年的 128 万立方米，已累计节约用水近 900 万立方米，相当于四个半昆明湖的水量。项目开展了以下水资源综合利用工作：

● 编制了校园水资源综合利用专项规划；

● 建立了给排水管网智能漏损监测平台；

● 完成了园区所有用水器具的节水改造。

学校在 1987 年、1997 年、2009 年进行了 3 次水量平衡测试，完善用水管网系统平衡的基础上，按照节水型校园监测体系要求，设置水表 130 块，建设能耗监测平台，对供水管网实时监督，能及时发现给水管网中的能漏点（图 3-49）。

图 3-49　能耗监测平台

全校用水水龙头、冲厕装置、洗浴喷淋、操场喷灌等用水器具均使用节水型器具（图 3-50）。

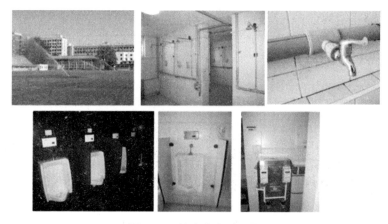

图 3-50　校内节水型器具

3. 非传统水源利用

从单体建筑、小区、社区三个层面统筹建设中水回用系统。采用低影响开发理念，建设雨水收集、利用、控制系统，优先采用透水铺装，合理采用下凹式绿地、雨水花园和景观调蓄水池等方式调蓄滞留和利用雨水，实现与其他自然水系和排水系统的有效衔接（图 3-51、图 3-52）。

对雨水、再生水及海水等非传统水资源利用应注意技术经济上可行性，在统筹考虑当地政府相关政策、规定等的基础上进行分析和研究，进行水量平衡计算。

确定雨水、再生水及海水等非传统水资源的利用方法、规模、处理工艺流程等。多雨地区应根据当地的降雨与水资源等条件，因地制宜地加强雨水利用。降雨量相对较少且季节性差异较大的地区，应慎重研究是否设置雨水收集系统，若设置，应使其规模合理，避免投资效益低下。

图 3-51　下凹式绿地

图 3-52　雨水花园

案例　北京用友软件园非传统水源利用项目

　　用友软件园位于北京中关村永丰产业基地，占地 45.52 公顷，建设目标为国际一流的生态环保软件园。园区内的水景与休闲广场，为研发人员提供一个休闲与交流的场所。软件园有 7 个功能区，由十几个单体建筑组成，各个功能区既相互独立、又相互连接，总建筑面积约 40 万平方米。

　　项目开展了以下非传统水源利用工作（图 3-53）：

- 屋面雨水的收集；
- 雨水渗透与排放——渗透管（沟）；
- 雨水渗透与排放——渗透地面；
- 雨水用于景观补水。

图 3-53　项目开展的非传统水源利用工作

4. 社区污水就地处理与资源化利用

　　我国的水资源短缺形势严峻，深度挖掘非传统水资源，缓解我国经济发展与水资源短缺之间的矛盾，是保障我国可持续发展的必由之路。城市污水处理及资源化是更为稳定且广泛适用的非传统水源开发利用方式，但城市集中再生水处理面临着高昂的输送成本和回用管网敷设困难等诸多问题，相对而言，分散式再生水处理技术有其显著的优越性和必要性，正逐渐获得更多的关注。

在美国，城镇污水集中处理回用已经成功运行了数十年，但是据美国环保局估计，集中水和废水处理基础设施的维护和更换存在高达 6 000 亿美元的资金缺口，这表明进一步扩展集中再生水基础设施建设基本没有可能。据研究，在美国每年 4%的电力消耗用于水和污水设施的运行管理，在这些电耗中水和污水的输送电耗是其处理电耗的 4 倍。可见，采用分散式污水处理和回用将显著地降低污水输送带来的能源消耗。

分散式污水处理和回用在国内外都有许多成功的系统在运行，他们采用各种不同的处理技术和工艺，主流核心工艺包括膜生物反应器工艺、纤维丝过滤工艺、生物接触氧化+砂滤+活性炭过滤工艺，以及生态人工湿地工艺等。尽管处理水源和工艺各有不同，只要保证严格的管理，出水均能满足回用水质的要求。

研究人员对北美和澳大利亚的 25 个污水处理和回用系统进行了调研，包含了不同气候和不同地域特征（城市、郊区以及农村等）的项目。项目的应用范畴包括学校和科研院所、体育场馆、会展和庇护所、住宅、商业和办公、以及动物园等。系统类型包括灰水（杂排水）和污水处理系统，全部的回用水均不作为饮用水使用，主要用于灌溉（60%）、冲厕（44%）、地下水补给（12%）、清洁（12%）、冷却塔补水（16%）、洗衣、消防以及动物展示用水。

为了解决城市严重缺水和集中处理再生水低贡献率的矛盾，我国部分城市也开展了分散式污水处理回用。以北京为例，截至 2013 年 6 月，北京城六区已建成建筑中水设施 485 个，其中居民小区 125 个，公共建筑 360 个，其中公共建筑主要包括饭店、学校和企事业单位等。据统计，北京城六区建筑中水设计处理能力达 14.28 万米³/天，实际处理量为 5.92 万米³/天，年回收中水 2 161 万立方米。

案例 波特兰港口总部大厦污水生态景观处理工程

波特兰港口原来有2座办公大楼,一座位于波特兰市中心区,另一座靠近机场。港口决定将其合并成一座联合办公大楼。早在规划阶段 ZGF 建筑公司征求了波特兰港口负责人的意见,尽量了解其文化信息,以有助于设计构思。

● 该建筑物已经证实减少用水量75%;
● 该系统为该建筑物提供了内部和外部的优美景观,并且安全地包容在公共空间中;
● 该系统接受了该建筑物内500名员工的污水,并且经处理和再生后产生高质量的水,再用于冲洗厕所;
● 该工程荣获由美国绿色建筑委员会颁发的 LEED 白金奖证书,并被评为世界上最好的绿色建筑物之一(Greenest Building),而且提及活生机器(Living Machine)种植植物构成的景观效果是一项关键创新技术(图3-54)。

图 3-54 波特兰港口总部大厦污水生态景观

案例 旧金山市公用事业委员会大楼的污水生态景观处理系统

当规划这座占地277 500平方英尺(约25 000平方米)的旧金山公用事业委员会办公大楼时,选择了集成太阳能电池板和风能发电等节能装置,而活生机器系统(Living Machine Systems)则被选择用于污水处理与再用(图3-55)。它是唯一的占地面积很小且能够处理城市建筑中黑水(粪便污水)的生态处理系统,因此 Living Machine Systems 具有明显的优势。

● 该办公大楼减少用水量 70%,大约每年节约用水 750 000 加仑（约 2 835 立方米）,并且为建筑物外提供非饮用水 900 000 加仑(约 3 400 立方米)；

● 该生态处理系统为建筑物外部和内部提供引人入胜的绿叶、花卉和令人心情舒畅的公共空间；

● 该系统将收集和处理该建筑物内的全体办公人员产生的污水,并生产高质量的水再用于冲厕和未来外部绿地的灌溉。

图 3-55　污水景观处理系统示意图

案例　加拿大温哥华岛太阳能污水处理系统

太阳能水系统由加拿大生态工程公司开发,已建成的项目分别位于加拿大艾灵顿、哈瓦那、辛西娅和克里斯蒂娜湖地区。太阳能水系统采用若干个生态反应器,这些反应器是位于地面以上的透明水箱,太阳光可以透过反应器壁进入水中,促进水中微生物及其他生物材料进行光合作用,来净化污水。与活生机器系统和奥尼卡系统类似,太阳能水系统中的反应器也由若干个不同的生态系统组成,它们被驯化后可以将废水中的颗粒物和营养物去除,经过重力澄清后,污泥被泵回进水箱,澄清液经进一步砂滤和消毒后即可回用（图 3-56）。

● 系统类型：化粪池污水,地面处理；

● 收集系统：重力和泵；

● 平均流：38 米³/天；

● 扩展流：52 米³/天；

● 水力停留时间：2.5 天；

● 设施的规模：210 平方米；

- 出水 BOD 10 毫克/升;
- 出水 TSS 10 毫克/升。

图 3-56　太阳能污水处理系统示意图

3.4.3　国家在水资源领域推广的低碳技术目录

表 3-13　国家在水资源领域推广的低碳技术目录

序号	技术名称	技术原理
1	雨水收集利用系统	雨水经弃流、收集、储存、过滤、消毒、利用,实现雨水的收集利用。屋面、地面降雨通过雨水管网收集到雨水井中,根据设计要求弃流初期较脏的雨水,弃流可以按照时间,也可以按照流量进行控制。雨水再经过初期的沉淀、过滤存储到模块收集池中,模块收集池的容量按照汇水面积和用水量大小计算确定
2	生物膜污水处理及回用装置	采用环境微生物处理技术组合成的一种新型高效的污水处理装置。由多隔段箱体组成的智能一体化装置,内置生物膜、光学催化、固液分离、消毒灭菌等组件,投加自主研发的"GSH 高活性复合环境微生物菌(种)膜",利用新陈代谢的特有功能,吸附、消化、分解、去除污水中污染物,达到净化水质的目的

序号	技术名称	技术原理
3	防堵塞土壤深度处理污水系统装置	该技术属于新型的防堵塞深度处理污水的土地渗滤系统工艺。由预处理槽、配水槽、土壤处理槽构成，技术要点是通过通气散水装置把污水均匀地扩散浸润到土壤处理槽中，利用土壤物理化学吸附性能和土壤微生物分解性能以及植物吸取分解功能，最终达到在净化污水的同时把水分和养分还原给土地的系统工程技术。该技术的创新点是通过通气散水装置，合理地向土壤供水通气，提高了土壤的氧化电位，有效地维持了土壤团粒结构稳定性，提高了土壤微生物对污水的分解能力，从根本上解决了土壤堵塞的问题
4	节水器	通过专利认证的核心部件来实现将空气压进水体中，并降低水流的密度，达到保持水压减少出水
5	含氧节水花洒	通过专利技术限流并吸入部分空气替换水压，使花洒出水压力和出水方式保持基本不变，能避免沐浴时的闷热感，增加水的含氧量和人体的舒适感，平均节水节能 40%
6	节水蹲便器	在蹲便器开关下方安装节水装置，在满足冲洗洁净要求的同时，通过节流增压装置处形成负压，吸入空气，形成增压气液混合流体，达到增压节流，提高冲洗的力度和节水的目的
7	节水龙头	在传统龙头出水口处或在龙头与水管之间装上节水阀，通过限流与涡流增压的作用，在不降低使用舒适感的前提下，使出水量减少 35% 以上
8	节水小便器	在小便器进水口处安装稳量节水装置，在满足冲洗洁净要求的同时，通过自动调节装置，保持稳定水压，节约用水。生物节水小便器：在小便器内放置生物节水小方块，同时，在小便器内壁喷洒生物降解液，通过生物降解的方法，将尿液降解成无色无味的液体，自行排出小便器，避免了用水冲洗尿液而浪费的水
9	节水马桶	以单向止逆排污阀门代替马桶内部的虹吸弯管，当踩下开关后，排污阀门打开，污物随着水的重力作用直接进入管道，同时，进水阀门打开，长流水对马桶内壁进行冲刷清洗，让排污刷洗一气呵成，解决了传统马桶堵塞、倒流、返臭和耗水等问题
10	水龙头增压限流节水器	运用高速水流抽真空增压，在腔体内形成一定比例的"水气比"，以"水汽流"的方式喷出腔体，将传统的"水柱状"出水状态改变为：由水晶颗粒组成的花洒形"线状"出水状态，达到节水效果

序号	技术名称	技术原理
11	省水宝	开启状态时，控制杆未封闭承座杆孔，而套件亦未封闭进水座的凹槽，水流依序通过进水座的进水道、凹槽、出水道，之后进入到壳体的内部空间中，然后从出水口流出；而控制杆则被弹性元件缓慢地朝壳体杆孔推动，直到控制杆封闭承座杆孔，接着，流进进水座与套件之间的水逐渐累积而将套件向上推挤变形，最后套件中央突起而抵靠并封闭进水座的凹槽，因此水流便被阻挡而达到自动关闭的效果；借由弹性元件的缓慢推动来使控制杆复位，而弹性元件不会有磨损的问题，因此可有效避免控制杆的复位加快，以大幅延长使用寿命
12	无负压二次供水设备	设备直接从市政管网取水，充分利用了市政管网原有的压力，起到供水高效节能的作用。另外，设备在从市政取水的同时可以保证对市政压力的影响控制在许可范围以内，并且稳压补偿罐中的水带有一定的压力以保证用户端用水持续不中断，也解决了传统水箱的水质二次污染的问题

资料来源：《公共机构节能节水技术产品参考目录（2015）》。

3.5 固体废弃物处理设施

固体废物是指在生产、生活和其他活动过程中产生的丧失原有的利用价值或者虽未丧失利用价值但被抛弃或者放弃的固体、半固体和置于容器中的气态物品、物质以及法律，行政法规规定纳入废物管理的物品、物质。不能排入水体的液态废物和不能排入大气的置于容器中的气态物质。

3.5.1 指南要求

一是创新社区垃圾处理理念。按照"减量化、资源化、就地化"的处理原则，把循环经济理念全面贯彻到低碳社区建设过程中，更加注重分类回收利用，优先采用社区化处理方式，从建筑设计理念、基础设施配套、管理方式创新、居民生活行为等多层面，探索建立节约、高效、低碳、环保的社区垃圾处理系统，使社区成为"静脉产业"与"动脉产业"耦合的微循环平台。根据不同地域社区居民生活消费习惯和垃圾成分特点，探索采用不同技术、工艺和管理手段，形成各具特色的社区化处理模式。

二是合理布局便捷回收设施。鼓励社区设立旧物交换站，商场、超市等设立以旧换新服务点。支持专业回收企业或资源再生利用企业在社区布置自动回收机等便捷回收装置，在有条件的社区设置专门的垃圾分类、收集、处理岗位，实现社区垃圾高效、专业化分类、回收利用和处理。

三是科学配置社区垃圾收集系统。科学布局社区内的固体废弃物分类收集和中转系统，减少固体废弃物的长距离运输。预留垃圾分类、中转、预处理场地空间。鼓励建设厨余、园林等废弃物社区化处理设施，促进社区内资源化利用。有效衔接市政固废处理系统，配备标准化的分类收集箱和封闭式运输车等设施。

3.5.2 技术要点

1. 生活垃圾的源头分类措施

我国城市生活垃圾的组分非常复杂，包括有机物（厨余等）、塑料、纸类（纸、硬纸板及纸箱）、包装物、纺织物、玻璃、铁金属、非铁金属、木块、矿物组分、特殊垃圾和余下物。其中特殊垃圾主要是有毒、有害性垃圾，如灯泡、电池、药品瓶、非空的化妆品瓶/盒等，这给如何分类带来了一定困难。分类过粗，不能很好地起到分类的效果，还需要很多后续分类。分类过细，单位和居民的工作量太大。

国外的分类方法主要包括二类法，三类法、四类法以及五类法。我国应如何进行垃圾分类收集，目前还没有统一的标准，通常采用四类法：①可回收垃圾，如废弃的纸张、塑料、金属等；②非回收垃圾，如零食垃圾、厨房垃圾和零星肮脏的纸片、塑料袋等；③有毒有害垃圾，如废电池、废日光灯管等；④大件垃圾，即废弃的家具、家用电器，如床、床垫、沙发等。设置具有针对性的垃圾分类收集系统，确定不同区域设置不同的分类方案。

在购物中心、文化娱乐商业街、公园等区域，设置更利于游人分辨的垃圾分类回收系统（图 3-57）。除了塑料瓶、废纸、易拉罐等在旅行过程中常产生、易分类的垃圾以外，设立其他垃圾的回收箱。在酒店、旅馆、餐饮等用地范围内设置包括有害垃圾、可回收物、其他垃圾、厨余垃圾等分类的垃圾收集体系。

图 3-57　不同类型垃圾分类示意图

案例　上海市社区的"绿色账户"

上海市社区通过启动"绿色账户"激励机制推进生活垃圾源头分类，居民只要申办并开通"绿色账户"，并正确对垃圾进行分类，即可获得若干积分奖励。这些绿色积分可以兑换社会公益服务、商业服务等权益或实物或优惠服务。

居民手中的"绿色账户"是一个大小如手机卡的条形码。只要经志愿者检查垃圾分类正确的，由志愿者用手机扫描条形码就可积攒 10 分，每天最多扫描 2 次，最高每日 20 分，积分可进行消费抵扣或享受消费优惠。

目前，杨浦区通过政府购买服务的形式，委托第三方社会组织杨浦阳光社区服务中心协助推进 12 个街镇的具体绿色账户拓展工作，每月定期开展积分实物兑换活动。据调查，首批试点的 5 个街镇 6 个居民小区 2 480 户居民从中获益，年底还将推广 12 000 户居民。同时将整合区、街镇的公益资源参与到绿色账户工作中去，充分发挥公益服务资源的积极作用，如举办大型活动门票积分兑换、百姓健身房积分兑换服务、社区生活服务中心积分兑换服务等。

案例 广州社区垃圾循环回收利用体系

基于"政府主导、企业主体、街道组织、群众参与"的理念，分类得公司与广州西村街合作，成立并由企业具体运作街道垃圾分类促进中心。中心则为每一个垃圾产出点建立信息档案和基础数据库，绘制出一张全街垃圾产出点数据地图，据此有针对性地开展垃圾分类。比如，根据垃圾产生源，中心统计出非居民生活垃圾量占到 37.5%，此前，非居民区垃圾分类往往容易被忽视。接下来，他们又按照垃圾种类，把全街 787 个垃圾产出点划分为 69 种类型，从中发现产生厨余垃圾的单位，包括肉菜市场、花店、水果店、机关单位、餐饮食肆等，这类垃圾又包括潲水、绿化枝叶、市场厨余、生蔬生鲜剩料等，均属于低燃值的有机物，它们占到街道总垃圾量的 12%~16%，都可通过集中收运送往生化厂处理。

针对大众关注的"地沟油""潲水油"问题，分类得公司也专门展开调查，发现全街登记在册的饮食店共有 149 家，正常营业 138 家，平均每月产生厨余垃圾约 105.8 吨，其中流入非正规途径处理 80.7 吨。据此计算，只需培育 4~8 家潲水回收单位，以"定时定点"的方式收运即可。

他们还在居民出入口等显著位置，设置了 169 个带有编号的墙挂式有害垃圾回收桶，并定期回收。由于每个桶都有编号，凭着月末的汇总数据，很轻易就研判出各个社区垃圾分类的居民参与度。

2. 厨余垃圾就地化处理

餐厨垃圾统一按固体废物处理方法处理。处理方法主要有物理法、化学法、生物法等；具体的处理技术有填埋、焚烧、堆肥、发酵等方式。

1）物理分选处理

主要是采用一系列方式，实现垃圾中的各成分的分离，之后统一回收。这种方法一方面最大限度地做到了物尽其用，另一方面把垃圾所可能造成的污染降到了最低限度。但是，由于其所需成本较高，除了少数发达国家使用外，大多数国家多不用此法。

2）粉碎直排法

美国早在 20 世纪 40 年代就已经成功地研制出个人家庭食物垃圾处理机，其具体原理为：利用高速运转的刀片将装在内胆中的食物垃圾打碎后，将搅拌物冲至下水道，从而解决居民丢弃和存放餐厨垃圾的烦恼。同时日本也很早研究出了餐厨垃圾处理机，甚至有的还配置有臭氧除臭器，以除去餐厨垃圾垃圾所产生的多种气味。

3）填埋法

餐厨垃圾的填埋法处理是一种厌氧消化处理方法，可将其中的有机物分解生成甲烷，且可以将垃圾完全处理掉。这种技术方便，不会留下残余物的处理问题，但这种方法虽可以较好地处理餐厨垃圾，却是以消除垃圾为目的，并不能实现餐厨垃圾的回收再利用。

4）厌氧处理

厌氧处理是最环保、又能创造效益的方法。投资较大，极少数通过厌氧发酵制沼气。由于餐厨垃圾中含有各种动物肉类，如去做饲料，同类相食极易引发口蹄疫和各种疾病，从而传播给人类造成危害；去填埋由于其含水量高容易产生大量的渗滤液而污染地下水；做肥料，生产过程中臭味四溢，影响周围环境；而厌氧处理可产生大量沼气，沼气是一种清洁的可再生能源，可用于发电和作燃料，且由于系统全封闭而无异味，因此，餐厨垃圾厌氧处理是未来的发展方向。

5）微生物处理

微生物处理即通过微生物的代谢生长活动对餐厨垃圾中的有机物进行分解和利用的过程。发酵方式主要包括固态发酵和液态发酵。由于固态发酵具有能耗低、周期短、产率高等特点，多采用固态发酵。固态发酵分为单一菌种固态发酵和混合菌种固体发酵，多采用混合菌种固态发酵技术，即利用两种及以上的细菌发酵餐厨垃圾，利用多菌种间的协同作用，在产生大量的纤维素酶类降解纤维的同时，充分利用碳源、氮源等营养物质合成单细胞菌体蛋白，提高蛋白饲料的营养价值。固态发酵具有适口性好，蛋白消化吸收率高等优点，也避免了传统工艺餐厨垃圾营养物质利用不彻底等问题，是再利用餐厨垃圾生存生物蛋白质饲料资源的一种重要方法。

6）堆肥法

餐厨垃圾中的有机质较多、营养元素含量较高，碳氮比比较合理，适合微生物的生长代谢，是一种较好的生产原料。餐厨垃圾堆肥的基本技术可分为厌氧发酵堆肥和好氧发酵消化两类。其中高温好氧堆肥是一种较普遍的方法，这种方法可以在较短的周期内完成物料堆肥的熟化过程。而在堆肥过程中产生的高温，能明显地抑制有害菌。

厨余垃圾处理设施案例　民安社区

案例名称：民安社区

案例类型：厨余垃圾处理设施

规　　模：1 台

社区建立了"绿厨小屋"，安置了厨余垃圾处理设备，在全社区推广厨余垃圾投放打卡积分制。年处理厨余垃圾 1.5 吨，产出有机肥料 70 千克，有机肥料可发放给社区居民用于花草种植（图 3-58）。

图 3-58　厨余垃圾处理设施实景图

案例　浙江杭州临平城区的厨余垃圾就地化处理装置

▶高温降解模式——"又快又省造肥料"

2012 年，区城管局购置了一台餐厨垃圾降解设备并进行试验，结果发现，经过降解后，餐厨垃圾量减少了 80%。

这个餐厨垃圾处理设备采用的是物理方法，投入—破碎—脱液—烘干—出料，5 步处理流程，将垃圾体积缩减到原体积的 8%左右。处理完毕后，垃圾残渣经日晒发酵，与水或泥按比例配比，可做堆肥使用。使用成本方面，处理 50 公斤垃圾大约用时 3 小时，需用电约 6 千瓦时。

这个设备处理流程较快、能耗较省，处理过程也基本无异味，出料后可经统一回收作为肥料制作中母料，或经后续发酵处理后作堆肥使用。

▶碳化模式——"一场生态艺术革命"

今年，一台新型的厨余垃圾碳化装置在区城管局率先试点运行。

这台设备走的是"小而精"路线，个头 1 个立方米，成本不足万元。它的使用过程是，通过高温低氧环境，将厨余垃圾转化为生物炭，之后，生物炭可以循环利用。其中，生物炭的产量取决于高温分解过程的快慢。快速高温分解能够得到 20% 的生物炭、20%的合成气和 60%的生物油；而慢速高温分解可以产生 50%的木炭和少量的油。

这台厨余炭化设备的主要原理是在低氧环境下，通过高温裂解，制作成生物炭。生物炭不是一般的木炭，是一种碳含量极其丰富的木炭，可吸收有机物质腐烂时释放至大气的二氧化碳，并帮助植物有效储存其光合作用所需的二氧化碳的物质，能够起到洁净空气的作用。另外，生物炭富含微孔，把它埋进土壤，不但可以补充土壤的有机物含量，还可以有效地保存水分和养料，提高土壤肥力。据研究人员透露，最终的碳化成品将加工成有观赏价值的工艺美术品，真可谓是一场生态艺术革命。

▶生物降解模式——"让微生物帮忙分垃圾"

目前，含有机质成分，能降解、发酵、分解所有有机质物料的废弃物，统称为有机生活垃圾。主要包括：餐厨垃圾，即俗称的泔水；瓜皮果壳、菜边皮；园林花木、花草等修剪废弃物；禽畜动物、鱼虾等下脚料、过期食品；养殖业排泄物等。

生物降解模式主要采用微生物发酵处理原理，即让微生物"帮忙"分解垃圾，设备之中内设发酵箱体。处理流程主要为：投入—发酵—除水—出料。处理周期为

3~5 个月，其中在箱体内发酵处理的周期约为 1 个月。经处理之后的垃圾体积约为原体积的 10%。处理完毕之后，经水或泥按比例配比，可以直接作为堆肥使用。目前，区政府拟在临平、东湖街道、南苑街道和机关事务局等地试点推广使用。

3. 建筑垃圾资源化处理及产品应用

建筑垃圾是指人类在对建（构）筑物的建设、维修、拆除和装修的活动中产生的固体废弃物。按照来源分类，建筑垃圾可分为土地开挖垃圾、道路开挖垃圾、旧建筑物拆除垃圾、建筑工地垃圾 4 类，主要由渣土、砂石块、废砂浆、砖瓦碎块、混凝土块、沥青块、废塑料、废金属料、废竹木等组成。

建筑垃圾资源化利用是将建筑垃圾转变为资源的一种过程，即通过技术措施、管理手段，将建筑垃圾转变为具有利用价值的资源。除去可直接再利用的拆除物及用作其他工业原料的非再生骨料类废弃物，其他主要包含废砖瓦、废混凝土、废砂浆类建筑垃圾经过处置，变为再生骨料或粉体，用作混凝土及制品、无机混合料、砂浆、水泥等建筑材料的原料，用于相应产品的生产，即完成了建筑垃圾由废料变为资源的过程。

建筑垃圾资源化产品包括再生骨料混凝土、再生砂浆、再生混凝土砌块、再生混凝土砖等，目前较多应用于投资的公共设施建设工程（包括道路、园林绿化、公厕、垃圾楼、人行步道、河道、河道护坡工程），其中我国部分省市已经提出了对建筑垃圾资源化产品应用的范围，如表 3-14 所示。

表 3-14　部分省市对建筑垃圾资源化产品应用的鼓励措施调研表

城市	对建筑垃圾再生产品使用的鼓励措施
北京市	投资的公共设施建设工程（包括道路、园林绿化、公厕、垃圾楼、人行步道、河道、河道护坡工程），应按照市住房城乡建设委发布的替代使用比例使用建筑垃圾再生产品； 建立建筑废弃物再生产品标识制度，将建筑垃圾再生产品列入推荐使用的建筑材料目录、政府绿色采购目录，促进规模化使用

城市	对建筑垃圾再生产品使用的鼓励措施
河南省	建筑垃圾再生产品列入绿色建材目录、政府采购目录，在工程建设中优先推广使用。申报绿色建筑的工程项目要严格执行《河南省绿色建筑评价标准》，提高建筑垃圾再生产品的使用比例。城市道路、河道、公园、广场等市政工程，凡能使用建筑垃圾再生产品的，鼓励优先使用。在满足公路设计规范的前提下，优先将建筑垃圾再生骨料用于公路建设。申报省级以上（含省级）优质工程和文明工地的建设项目，要优先使用掺兑建筑垃圾再生骨料的砂浆
吉林省	实行建筑废弃物综合利用产品标识制度。将经专业检测机构检测质量合格的建筑废弃物综合利用产品列入推荐使用的建筑材料目录、政府绿色采购目录，促进规模化使用。在政府投资的城市公用设施、公共建筑建设和市政项目中，优先采用建筑废弃物综合利用产品。在新型墙体材料核定中优先支持建筑废弃物综合利用产品
深圳市	道路工程的建设、施工单位应当优先选用建筑废弃物作为路基垫层。市重点工程中率先使用、保障房建设中优先使用绿色再生建材产品，在市政府投资项目中强制使用绿色再生建材产品，鼓励社会投资项目中使用绿色再生建材产品
青岛市	全部或者部分使用财政性资金的建设工程项目，使用建筑废弃物再生产品能够满足设计规范要求的，应当采购和使用建筑废弃物再生产品
西安市	利用财政性资金建设的城市环境卫生设施、市政工程设施、园林绿化设施等项目应当优先采用建筑垃圾综合利用产品；优先选用建筑垃圾作为路基垫层；鼓励新建、改建、扩建的优先使用建筑垃圾综合利用产品
邯郸市	建设、施工单位应当采用符合国家建材标准或行业标准的建筑垃圾回收利用产品。依据有关政策规定，按比例返退新型墙体材料专项基金
许昌市	政府投资建设的项目，必须全部使用建筑垃圾再生产品

同时，在我国的绿色建筑评价标准中也对建筑垃圾资源化利用提出了相应的要求，在社区绿色建筑建设过程中可予以考虑，具体如下所示：

《绿色建筑评价标准》（GB/T 50378—2014）中对于建筑垃圾处置的相关要求是：使用以废弃物为原料生产的建筑材料，评价总分值为 5 分，并按下列规则评分：

（1）采用一种以废弃物为原料生产的建筑材料，其占同类建材的用量比例达到 30%，得 3 分；达到 50%，得 5 分；

（2）采用两种及以上以废弃物为原料生产的建筑材料，每一种用量比例均达到 30%，得 5 分。

4. 便捷回收设施

社区内可利用物联网技术、自助回收机及解决方案搭建固废监控管理第三方平台，贯穿整个固废回收循环利用产业链责任体系，确保再生资源的流向可控和城市固废资源得到最大程度的循环利用（图 3-59）。

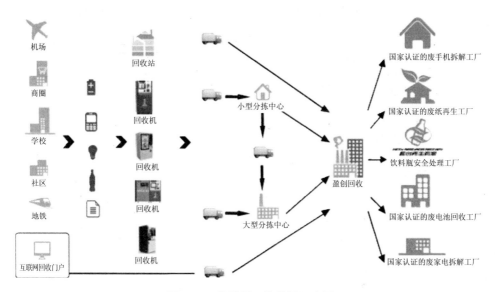

图 3-59　物联网回收装置示意图

涵盖社区用户、回收人员、回收企业、再生资源处理厂家，对回收物打包运输全程进行监控跟踪，并且每包回收物都有唯一条码标签，杜绝在运输过程中出现回收物遗撒或丢失，同时保障回收物最终全部流入正规处理工厂（图 3-60）。

其中，目前在市场中广泛应用的回收装置包括（图 3-61～图 3-64）：

1）饮料瓶回收机

规格：220V；

体积：100 厘米×100 厘米×200 厘米；

用途：饮料瓶回收；

返利方式：绿纽扣积分卡返利；

限制：避雨、避强光，互联网覆盖。

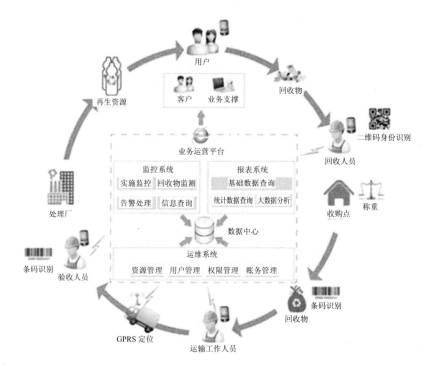

图 3-60　物联网回收装置运营示意图

图 3-61　饮料瓶回收机示意图

2）饮料瓶/投纸回收机

规格：220V；

体积：200 厘米×100 厘米×200 厘米；

用途：饮料瓶回收、废纸回收；

返利方式：绿纽扣积分卡返利；

限制：避雨、避强光，互联网覆盖。

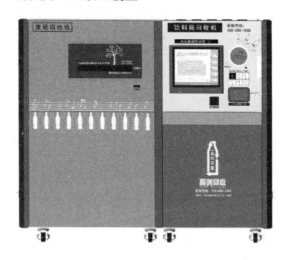

图 3-62　饮料瓶/投纸回收机示意图

3）废旧衣物回收机

规格：220V；

体积：100 厘米×100 厘米×200 厘米；

用途：回收废旧衣物；

返利方式：无；

限制：避雨。

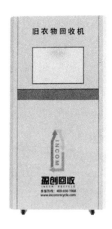

图 3-63　废旧衣物回收机示意图

4）电子废弃物回收机

规格：220V；

体积：100 厘米×100 厘米×155 厘米；

用途：回收废旧电子产品；

返利方式：绿纽扣积分卡返利；

限制：避雨、避强光，互联网覆盖。

图 3-64　电子废弃物回收机示意图

便捷回收设施案例　大兴区清源街康隆园社区

案例名称: 大兴区清源街康隆园社区

案例类型: 自动回收机

规　　模: 3 台

2014 年 8 月 30 日进大兴区清源街康隆园社区启动试运行（图 3-65）。社区有居民约 300 户，截至 9 月 4 日开通"绿纽扣账户卡"（环保身份卡）203 个，投放饮料瓶 588 个，电子废弃物 34 件，返利金额 162.45 元，返利积分 21 886 分，数据还在不断增加。表 3-14 所示为社区废品回收价格表。

图 3-65　自动回收机

表 3-14　废品回收价格表

名称	单位	单价/元
纸板	公斤	0.4
报纸	公斤	0.6
书本	公斤	0.8
饮料瓶	个	0.1
易拉罐	个	0.15
啤酒瓶	个	0.05
废玻璃	个	0.1
废木材	公斤	0.1
废塑料	公斤	1.5
衣物	公斤	0.1
废铁	公斤	2

名称	单位	单价/元
废铜	公斤	50
废铝	公斤	11
不锈钢	公斤	9
铝合金	公斤	10
空调	台	200～800
电视机	台	20～200
微波炉	台	50
电脑	台	面议
沙发	张	面议
桌椅	张	面议
床	张	面议

5. 可回收垃圾的利用

可回收垃圾的直接利用：如造艺术品或建筑，根据其条件，可以再作为小的景观小品。充分展示垃圾再利用和人工岛的生态理念（图 3-66）。

可回收垃圾的资源化利用：将回收的纸张、玻璃瓶、易拉罐等垃圾运送至专门的资源化利用公司，进行再造，形成新的产品，变"垃圾"为全新的资源。

图 3-66　可回收垃圾变废为宝示意图

6. 数字化环卫管理系统

"数字化环卫管理系统"是综合运用了通信、网络技术、卫星导航 GPS 定位技术、数据库以及视频监控技术，通过建立统一管理信息系统，便于对垃圾产生情况进行适时监控和统计，实现对垃圾收集、运输的科学控制，并及时合理地调用环卫设施，实施调整全岛的垃圾收运方案（图 3-67）。与区域内广告牌或其他显示器进行连接，适时发布有必要的垃圾收集数据，督促和提醒保护环境。

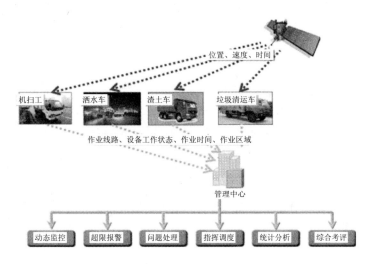

图 3-67　数字化环卫管理系统示意图

3.5.3　国家在固体废弃物处理领域推广的低碳技术目录

表 3-15　国家在固体废弃物处理领域推广的低碳技术目录

序号	技术名称	技术原理
1	餐厨垃圾分类及资源化处理设备	该设备为餐厨垃圾源头分类资源化一体化设备，集自动进料、铁质分选、脱盐、脱水、粉碎、油水分离、仓内除臭、生化处理、温湿度自动调节、气体净化、自动出料等多项功能

序号	技术名称	技术原理
2	餐厨垃圾降解机	该设备技术无须提供水设备或任何特别安装，采用节能化及自动化操作，利用高温微生物分解原理，对厨余或有机食物进行时内处理。经处理后取出的固体降解物，可用作有机肥，经油水分离出来的液体处理成叶面肥，达到零排放的目的，降低餐厨垃圾运输后再集中处理方式的运输、人工及处理成本
3	餐厨垃圾资源化处理系统	将餐厨垃圾及厨余垃圾通过分拣（前处理）、破碎减量处理、过滤破碎、渣水油分离、水提取后，可作为叶面肥，油提取后提炼为生物柴油，然后将剩下的少量厨余渣经 24 小时的生物降解转化为固体肥料，达到零排放目的，总厨余垃圾可减量 85%，节省大量的运输成本、人工成本
4	小型厨余垃圾处理器	包括食物垃圾破碎输送装置、食物垃圾粉碎装置、水渣分离装置、水循环装置、垃圾渣压缩处理装置和控制器。食物垃圾经过食物垃圾破碎输送装置的初步破碎后输送至食物垃圾粉碎装置进行二次粉碎，再由水渣分离装置进行水渣分离，分离后的垃圾渣进入垃圾渣压缩处理装置进行压缩成块，而水循环装置则回收分离后的水并作为水源重新供给食物垃圾破碎装置、食物垃圾粉碎装置使用，系统的动作由控制器控制
5	绿化废弃物处理机	独立安装用于将植物废弃物（残枝落叶等）处理成细小颗粒，可经包装供集中处理（如用于堆肥、做花草蔬果的培养土等）的器具，包括机架、切割轮、固定刀和进料滚筒；切割轮和进料滚筒由电动机驱动；进料滚筒安装于机架的处理腔的入料口处，切割轮安装于机架的处理腔内，切割轮为圆柱筒形，切割轮的表面设置有刀片；处理腔的内壁设置有固定刀，当切割轮转动时，刀片和固定刀配合切割。绿化废弃物处理机运作时，树木枝干经过入料口进入处理腔内，被切割成小块之后从出料口排出，能够持续不断地被处理

资料来源：《公共机构节能节水技术产品参考目录（2015）》。

3.6　低碳生活设施

生活服务设施是指在城市规划中设置在居住区内主要为满足本居住区居民日常生活需要的各项公共建筑和设施。20 世纪 80 年代初中国城市居住区生活服务设施一般分为 7 类：教育、文体、卫生、商业、饮食、服务和行政经济管理。在居住区详细规划中，生活服务设施的项目一般分为居住区级和居住小区级 2 个等级。其具体项目属于居住小区（包括住宅组团）级的有：托儿所、幼儿园、小学、中学、医疗站、青少年活动站、老年活动室、粮店、菜店、副食店、百货店、饮食店、煤铺、理发店、修理门市部、自行车存车处、邮电所、储蓄所、居民委员会、房屋管理养护所、变电所、物资回收站等；属于居住区级的有：门诊所、医院、银行办事处、邮电支局、电影院、文化馆、青少年之家、老人文娱场所、综合食品店、菜市场、副食商店、中西药房、书店、百货商店、日用杂品店、饭店、旅馆、照相馆、理发馆、浴室、洗染店、综合修理部、街道办事处、粮油管理所、房屋管理所、公安派出所、婚姻介绍所等。此外，有些居住区内还应有热力点、煤气调压站和高压水泵站等设施。

3.6.1　指南要求

一是便利服务设施。倡导规划建设配餐服务中心、公共食堂、自助洗衣店、家政服务点等便民生活配套设施，鼓励建立面向社区的出行、出游、购物、旧物处置等生活信息电子化智能服务平台。合理布局社区物流配送服务网点，打造社区商业低碳供应链。

二是公共服务场所。按照"15 分钟生活圈"的规划理念，合理建设社区公园、文化广场、文体娱乐等公共服务空间，鼓励有条件的社区建设集商业、休闲、娱乐、教育等功能于一体的服务综合体。

三是宣传引导设施。社区内居民小区和社会单位均应在公共活动空间设立宣传低碳理念和社区低碳试点工作的展示栏、电子屏、互动式体验设施等社区宣传设施。

3.6.2 技术要点

1. 生活设施建筑布局与外部空间协调

1）生活设施建筑布置应与开放空间建立良好的联系

一是尽可能消除障碍，针对不同年龄和身体条件的人提供最大程度的可达性；

二是与现有的地方景观元素和重要标志物协调；

三是提供一个安全的环境，避免因盲目设计而给犯罪提供机会；

四是离教育、保健、休闲等设施和公共交通设施的最大距离为步行 10 分钟或 900 米；

五是提供足够的活动空间，并保证居民能够方便地使用这些空间；

六是合理分析各种活动之间潜在的功能联系，并通过便捷的路径强化这些联系。

2）生活设施建筑布局与通路设计

一是道路、步行道与现有交通网络衔接，形成机动车（包括公共汽车）、自行车和步行合理地连接交通系统，并充分考虑通达交通方式的多样性；

二是各项生活设施统筹规划，减少相互干扰，增加灵活性并协调经济利益的分配；

三是优先考虑步行和自行车系统，居住区生活设施（包括可能的商业、就业及其他配套设施）与公共汽车站和地区中心连接方便；

四是连接生活设施的步行和自行车道路系统尽可能便捷，路径环境优美，舒适宜人。

2. 邻里中心

邻里中心源于新加坡的新型社区服务概念，其内部集中了菜市场、便民店、餐饮、诊所等设施，为居民提供"一站式"的服务，通过统一规划管理，构成居住区的公共中心。我们倡导的低碳社区邻里中心不同于新加坡的邻里中心，不单是社区商业中心的概念，而是集医疗卫生、文化活动、社区服务、商业服务、行政管理等公益性和商业性功能为一体的综合性社区中心。按居住片区—居住区—

居住小区三级体系进行邻里中心的设置，分别对应 15 分钟、10 分钟、5 分钟生活圈要求。邻里中心服务特征见表 3-16。

表 3-16　邻里中心服务特征

层级	服务人口	服务范围	对应行政级别	特征
居住片区邻里中心	5 万～10 万人	1 km～1.5 km	街道办事处	配建较完善的公共服务设施，满足 15 分钟生活圈要求
居住区邻里中心	3 万～5 万人	0.8 km～1 km	社区	配建基本生活需要的公共服务设施，满足 10 分钟生活圈要求
居住小区邻里中心	1 万～1.5 万人	0.3 km～0.5 km	社区	配套基层生活需要的公共服务设施，满足 5 分钟生活圈要求

各级邻里中心功能及内容：

公益性设施主要分为行政事业、医疗养老、文化活动三大功能，与商业性设施以综合楼的形式集中建设，通过强化对公益性设施的配置要求，改变以往居住区公益性设施不足或布局不集中等问题。

居住片区邻里中心服务人口 5 万～10 万人，服务设施应包括行政服务办事大厅、卫生服务中心、文化活动中心、全民健身中心、养老院、商业中心、街道办事处、派出所等。布局选址应注重与轨道交通、公交站点以及公园的联系，方便居民较快到达。

居住区邻里中心服务人口 3 万～5 万人，服务设施应包括社区卫生服务中心、文化活动中心、居住区综合体育中心、托老所、社区服务中心、居住区商业中心、菜市场等。布局选址应注重与居住区慢行系统的联系，方便步行到达。

居住小区邻里中心服务人口 1 万～1.5 万人，服务设施应包括文化活动站、社区卫生服务站、社区体育活动场地、社区服务站、便民店等。居住小区邻里中心不再独立占地，以综合用房形式配建在居住地块内部，方便居民就近使用。

案例　中新天津生态城第三社区中心

案例名称：中新天津生态城第三社区中心

案例类型：公共服务场所

第三社区中心占地 1.5 公顷，建筑面积 2 万平方米，是提供社区服务的主要载体，它集行政管理、社区管理、医疗卫生、文化体育和商业性服务等功能为一体，通过提供综合性、全方位、多功能的服务来满足居民的"一站式"需求。

社区中心由公益面积和商业面积两部分构成。其中公益部分面积约为 5 000 平方米，设有医疗卫生、文化体育、行政管理、社区管理等公益服务。社区中心设有400 多平方米的办事大厅，为居民提供社会保险、民政服务、卫生计生、劳动人事等事项办理；卫生服务中心约为 1 200 平方米，设康复训练、健康管理等部门，可以为居民提供全天候的预防保健、康复指导和健康管理等服务；文体活动区约为3 000 平方米，设置了淘气堡、棋牌室、社区教室、阅览室、球类活动区等活动场地，为居民提供了丰富的活动场地（图 3-68）。

图 3-68　内部部分服务功能展示图

第三社区中心商业部分面积约 15 000 平方米，其中 3 500 平方米为菜市场，满足社区居民日常生活买菜需求。

第三社区中心从 2013 年投入使用以来，为社区居民提供大量的综合性、全方位、多功能的生活服务，成为居民交往中心和社区文化中心。

3.7 社区生态环境

社区良好生态环境的营造，一方面能够给社区居民提供良好的宜居条件，另一方面绿化景观也可以一定程度上起到碳汇的效果，所以《指南》中都对水资源利用系统提出了低碳要求。在社区生态环境营造中，应重点关注社区本地生态的保护，同时利用一切有利条件提高社区绿化水平。

3.7.1 指南要求

保护自然景观。社区开发建设过程中，优先保护自然林地、湿地等自然生态景观，保护生物多样性，鼓励划定禁止开发的生态功能区。社区景观绿化中，优先选用栽植本地植物，强化乔、灌、草相结合，维护社区生态系统平衡，促进社区景观绿化与自然生态系统有机协调。

推行立体式绿化。充分利用建筑屋顶和墙面、道路两侧、过街天桥等公共空间，开展垂直绿化、屋顶绿化、树围绿化、护坡绿化、高架绿化等立体绿化，最大限度提高社区绿化率。

3.7.2 技术要点

1. 社区景观绿化

优先选用栽植本地植物，强化乔、灌、草相结合，维护社区生态系统平衡，促进社区景观绿化与自然生态系统有机协调。在设计过程中需要考虑以下原则：

1）生态性原则

建设高标准的城市社区公园绿化体系，构成兼顾景观与生态功能的绿色长廊。坚持生物多样性，采用丰富的植物品种，坚持乔灌花草结合，实现优化配置。

2）合理性原则

注重交通线安排遵循以人为本的合理化设计，同时考虑兼顾整体景观效果。注重在人流较为集中、地面较为空旷的地方安置相应的基础设施，满足公园内市民的基本使用要求。

3）协调性原则

协调生态、社会、经济效益的关系，保证生态效益的充分发挥。协调社区公园内各功能地块的总体景观建设，保证城市公园绿化体系结构得以良性的整体发展。

4）服务性原则

社区公园属于城市公园，服务对象主要为城市居民，应体现以人为本的设计原则，使城市公园体系更好地服务于社区社会、文化、经济的发展（图3-69）。

图 3-69　社区景观绿化示意图

案例　钟山绿郡花园项目

钟山绿郡花园项目采用屋顶绿化可缓解大气浮尘，净化空气；保护建筑物顶部，延长屋顶建材使用寿命；缓解城市热岛效应；保温隔热，减少空调的使用，节约能源；并可根据喜好建立简单休闲娱乐设计（图3-70）。

图 3-70　钟山绿郡花园项目图

2．立体绿化

充分利用不同的立地条件，选择攀援植物及其他植物栽植并依附或者铺贴于各种构筑物及其他空间结构上的绿化方式，包括立交桥、建筑墙面、坡面、河道堤岸、屋顶、门庭、花架、棚架、阳台、廊、柱、栅栏、枯树及各种假山与建筑设施上的绿化，最大限度提高社区绿化率（图 3-71）。

图 3-71　城市立体绿化示意图

具体实施过程包括：①工程图的制定；②铺设种植结构；③种植环境的固定；④水源及养源的结构安装；⑤对种植环境和水源结构的兼容调试；⑥植物种植；⑦调整植物并修剪；⑧整体完工。

1）墙面绿化

墙体绿化是立体绿化中占地面积最小，而绿化面积最大的一种形式，泛指用攀援或者铺贴式方法以植物装饰建筑物的内外墙和各种围墙的一种立体绿化形式。墙面绿化的植物配置应注意3点：

一是墙面绿化的植物配置受墙面材料、朝向和墙面色彩等因素制约。粗糙墙面，如水泥混合砂浆和水刷石墙面，则攀附效果最好；墙面光滑的，如石灰粉墙和油漆涂料，攀附比较困难；墙面朝向不同，选择生长习性不同的攀援植物。

二是墙面绿化的植物配置形式有两种。一种是规则式；另一种是自然式。

三是墙面绿化种植形式大体分两种。一种是地栽：一般沿墙面种植，带宽50厘米～100厘米，土层厚50厘米，植物根系距墙体15厘米左右，苗稍向外倾斜；另一种是种植槽或容器栽植：一般种植槽或容器高度为50厘米～60厘米，宽50厘米，长度视地点而定。

爬山虎、紫藤、常春藤、凌霄、络石，以及爬行卫茅等植物价廉物美，有一定观赏性，可作首选。在选择时应区别对待，凌霄喜阳，耐寒力较差，可种在向阳的南墙下；络石喜阴，且耐寒力较强，适于栽植在房屋的北墙下；爬山虎生长快，分枝较多，种于西墙下最合适。另外，也可选用其他花草、植物垂吊于墙面，如紫藤、葡萄、爬藤蔷薇、木香、金银花、木通、西府海棠、茑萝、牵牛花等，或果蔬类如南瓜、丝瓜、佛手瓜等。

2）阳台绿化

阳台是建筑立面上的重要装饰部位，既是供人休息、纳凉的生活场所，也是室内与室外空间的连接通道。阳台绿化是利用各种植物材料，包括攀缘植物，把阳台装饰起来，在绿化美化建筑物的同时又美化城市。阳台绿化是建筑和街景绿化的组成部分，也是居住空间的扩大部分。既有绿化建筑，美化城市的效果，又有居住者的个体爱好以及阳台结构特色的体现，因此，阳台的植物选择要注意3个特点：

一是要选择抗旱性强、管理粗放、水平根系发达的浅根性植物。以及一些中小型草木本攀缘植物或花木。

二是要根据建筑墙面和周围环境相协调的原则来布置阳台。除攀缘植物外，可选择居住者爱好的各种花木。

三是适于阳台栽植的植物材料有：地锦、爬蔓月季、十姐妹、金银花等木本植物；牵牛花、丝瓜等草本植物；茑萝、牵牛花等耐瘠薄的植物。这样，不仅管理粗放，而且花期长，绿化美化效果较好。

3）棚架绿化

棚架绿化的植物布置与棚架的功能和结构有关：

一是棚架从功能上可分为经济型和观赏型。经济型选择要用的植物类，如葫芦、茑萝等；或生产类，如葡萄、丝瓜等；而观赏型的棚架则选用开花观叶、观果的植物。

二是棚架的结构不同，选用的植物也应不同。砖石或混凝土结构的棚架，可选择种植大型藤本植物，如紫藤、凌霄等；竹、绳结构的棚架，可种植草本的攀缘植物，如牵牛花、啤酒花等；混合结构的棚架，可使用草本、木本攀缘植物结合种植。

4）篱笆绿化

篱笆和栅栏是植物借助各种构件攀援生长，用以维护和划分空间区域的绿化形式。主要作用是分隔道路与庭院、创造幽静的环境、或保护建筑物和花木不受破坏。栽植的间距以 1 米～2 米为宜。若是临时做围墙栏杆，栽植距离可适当加大。一般装饰性栏杆，高度在 50 厘米以下，则不需种攀缘植物。而保护性栏杆一般在 80 厘米～90 厘米以上，可选用常绿或观花的攀缘植物，如藤本月季、金银花、蔷薇类等，也可以选用一年生藤本植物，如牵牛花、茑萝等。

5）坡面绿化

坡面绿化指以环境保护和工程建设为目的，利用各种植物材料来保护具有一定落差的坡面的绿化形式。坡面绿化应注意两点：

一是河、湖护坡有一面临水、空间开阔的特点，应选择耐湿、抗风的，有气生根且叶片较大的攀援类植物，不仅能覆盖边坡，还可减少雨水的冲刷，防止水土流失。例如适应性强、性喜阴湿的爬山虎，较耐寒、抗性强的常春藤等。

二是道路、桥梁两侧坡地绿化应选择吸尘、防噪、抗污染的植物。而且要求不得影响行人及车辆安全，并且要姿态优美的植物。如扶芳藤，枝叶茂盛，一年四季又都可以看到成团灿烂花朵的三角梅等。

6）屋顶绿化

屋顶绿化（屋顶花园）是指在建筑物、构筑物的顶部、天台、露台之上进行的绿化和造园的一种绿化形式。屋顶绿化有多种形式，主角是绿化植物，多用花灌木建造屋顶花园，实现四季花卉搭配。如春天的榆叶梅、春鹃、迎春花、栀子花、桃花、樱花；夏天的紫藤、夏鹃、石榴、含笑；秋天的海棠、菊花、桂花；冬天的茶花、蜡梅、茶梅等。当然，也可在屋顶建植草坪，如佛甲草、高羊茅、天鹅绒草、麦冬、吉祥草、美女樱、太阳花、遍地黄金或蕨类植物等。此外，也可在屋顶进行廊架绿化，利用盆栽种植南瓜、丝瓜等卷须类植物，当主茎攀援至设置的廊架顶时则长势非常好，枝繁叶茂，起到遮阳而不挡花的作用；花架植物可选择牵牛花、茑萝、金银花、藤本月季等。

7）室内绿化

室内绿化是利用植物与其他构件以立体的方式装饰室内空间，室内立体绿化的主要方式有：

悬挂：可将盆钵、框架或具有装饰性的花篮，悬挂在窗下、门厅、门侧、柜旁，并在篮中放置吊兰、常春藤及枝叶下垂的植物。

运用花搁架：将花搁板镶嵌于墙上，上面可以放置一些枝叶下垂的花木，在沙发侧上方，门旁墙面，均可安放花搁架。

运用高花架：高花架占地少，易搬动，灵活方便，并且可将花木升高，弥补空间绿化的不足，是室内立体绿化理想的器具。

室内植物墙：主要选择多年生常绿草本及常绿灌木，依据光照条件适当选择开花类草木本搭配，需能保持四季常绿，花叶共赏。

案例　成都青白江区政府大楼项目

　　成都青白江区政府大楼项目高度近 30 米（7 层楼），面积达 240 平方米，采用了目前国际最为领先的"海纳尔铺贴式墙体绿化技术"，施工周期仅为 11 天，在保证了质量度的同时，大大降低了时间成本，提高了运作效率。墙面被碧绿茂盛的植物所覆盖，大气美观（图 3-72）。

　　基于 30 米高的室外墙体，材质混凝土基层，我们采用复合防水阻根，其系统离墙面厚度 25 厘米左右，采用平面浇灌，易于施工养护。植物的选择，可以体现植物的丰富、多样性的特点，柔和曲线的呈现，可以缓解高楼带来的视觉冲突。

图 3-72　项目墙体外观

3. 绿色视野营造

　　绿色视野率指人们眼睛所看到的物体中绿色植物所占的比例，它强调立体的视觉效果，代表城市绿化的更高水准。绿色在人的视野中达到 25% 时，人感觉最为舒适。绿色视野在规划和建设过程中，以绿地率、绿化覆盖率、植物群落层次和特种绿化景观这 4 项指标综合反映（图 3-73）。

50%的绿化覆盖率

公园绿地植物群落层次＞3

天桥绿化

垂直绿化墙

建筑外墙绿化

阳台绿化

图 3-73　绿色视野营造

第4章 低碳运营管理技术

4.1 低碳物业管理

低碳物业管理是指低碳房地产的售后服务，它对解决低碳房地产后期的设备维修、园区绿化维护等难题，对降低用户或居民的生产、生活碳排放量，改善生存环境等起着至关重要的作用。低碳物业管理在以低碳经济为依托的低碳房地产领域里，加强并推动了低碳建筑和低碳生活的融合与发展，它满足了低碳建筑及社会可持续发展的需求。

4.1.1 指南要求

强化物业服务低碳准入管理。试点社区所在地的政府管理部门和相关建设单位应加强物业服务单位的准入管理，提出低碳物业服务相关标准和低碳运营管理要求，把低碳运营管理作为选聘物业公司的重要依据，把低碳配套设施的运营维护作为移交物业的重要内容。

鼓励引入市场化专业运营服务。鼓励社区通过特许经营等多种方式，在社区开发建设阶段，引入再生资源回收、固体废弃物处理、水资源利用、园林绿化等专业公司参与投资、建设和运营，推行合同能源管理和第三方环境服务等市场机制。

提升低碳物业管理能力。物业服务单位应依据国家和地方物业管理和低碳发展相关要求，制定低碳管理制度，设立低碳管理岗位，建立标准化的低碳管理模式。加强对社区内入驻单位、物业公司低碳物业管理培训和服务考核工作。发挥社区居民自治组织和其他社会组织的作用，鼓励社区居民、社会单位等参与低碳社区建设和管理。

4.1.2 管理措施

1. 废品分类回收处理，加强资源的二次利用

物业公司需要承担居民垃圾处理的监督工作，还有垃圾分类等相关工作的组织实施工作，与小区有关的街道和社区必须把这些工作纳入小区管理的工作内容中，并且制定明确的标准和目标，定期进行检查、指导和考评。小区要处理的垃圾在进入垃圾处理的体系中后，必须是分类的垃圾。物业公司等管理单位需建立小区生活垃圾管理服务站，将小区保洁、垃圾分类和收集运输集于一体，推动小区垃圾分类工作的落实。

2. 安装环保低碳且节能的设备，健全物业管理法规

一是熟练掌握各种环保节能设备的操作和安装维护方法，加强管理，提高整个系统的运行效能，从而延长设备的使用时间；并且通过科学的力量进行操控，使区域的舒适度得到提高，为居住的业主提供良好的工作和生活环境；通过宣传渠道，倡导业主积极参与到节能活动中；通过绿色物业管理，提升物业公司的管理水平及竞争力，从而在业内提高发展水平。

二是以供水、供热和供电等相关行业管理网络为基础，组织建设国家级的网络管理平台。对于现有的建筑，可以由政府节能管理部门进行能耗统计和审计，并提供一个开放的信息监管平台，为节能改造提供真实可靠的数据。

三是制定相关法律法规，健全低碳物业管理制度。在物业管理方面，特别是低碳环保方面，目前还没有明确的法律法规。低碳物业管理行为需要法律引导和制约，不仅能为处理纠纷提供相关依据，也为业主与服务企业的责任和利益划分提供依据，从而更好地促进整个物业管理行业的规范化。

3. 引领低碳节能理念进入社区文化

首先，可以将企业的良好形象与公司的良好业绩与低碳理念结合，进行推广宣传。其次，可以将低碳节能理念与业主的生活结合宣传，并且策划活动，让业主得到收益，并且进一步感受到低碳带给生活的改变和益处。物业管理公司通过给业主灌输低碳生活的理念和价值，在业主内部大力推广，逐渐延伸到社区之间，实现更广泛的普及。最后，加强社区绿化和屋顶绿化，为业主树立绿化节能的好榜样，并提供专门的低碳服务，把居民的生活融入低碳的氛围中，使业主自觉感受到生活中低碳的益处。

4. 提供低碳服务，带动低碳消费

物业服务企业提供的低碳服务，不仅是房地产的后期服务，更是为居民提供的低碳生活服务。服务企业可以在居民区内设立自行车租赁点及修理点，提倡绿色出行，减少汽车尾气的排放和污染；还可提供空调清洁服务，减少碳的排放量；总之，物业公司应就低碳这一主题，以身作则，为业主树立榜样，并引导业主积极使用低碳产品，另外，还可以与低碳产品厂商合作，达到互利共赢。

5. 物业管理公司提前介入，利于城市建设和规划

物业管理公司在前期介入物业项目，为物业节能管理提出实际方案。提前介入是物业公司的基础工作，不仅可以对物业规划和功能布局提供建设性意见，还应在整个项目的建设和实施过程中提出合理意见，并且制订与项目符合的维修保养计划，为日后低碳项目的运营和管理打下良好基础。

案例　浙江省低碳物业服务体系

▶确定低碳目标——实行目标管理，将节能降耗作为物业服务水平的考核依据予以落实

物业服务企业在制订年度目标工作计划中，把"节能降耗"作为进行物业服务的基本指导思想，并且在具体的工作项目上落实这一具体目标，在具体的考核细则中体现这一主题和中心，作为物业服务企业长远的服务标准。在具体操作中，结合物业服务的基本内容，制定新的考核指标和服务承诺标准。

▶重视早期介入阶段

从项目的规划设计施工阶段开始介入，为该项目设计提出合理规划、实用性设备选型等建议，配置符合后期管理中实用性要求的设备设施，实现能源节约。要重视从源头上节能，在前期介入阶段向开发商提出合理化的节能建议，同时，完善公司内部的各种节能管理措施与规章制度。从源头上节能是指，物业服务企业在前期介入时，积极与房地产开发企业协调，在保证服务质量和楼盘形象的基础上，向其提出合理化的节能减排建议，协调其做好照明、空调等设备的节能工作，在设施设备的选用上，尽量选择环保节能为主的设施设备，并做好这些设施设备的后续定期维护和保养，降低大修的频率，减少维修的数量，尽可能做到最大化的物尽其用。同时，物业服务企业还应完善公司内部的各种节能管理措施和规章制度，做好管理工作的节能措施。事实上，管理节能所需要投入的成本要远远低于技术节能，是一种投资小、见效快的节能方式。这种节能方式应该在物业服务企业今后的节能减排工作中得到更加广泛和普遍的应用。

▶在企业内部推行低碳管理

物业服务企业建立和完善内部各项节能管理措施与规章制度，通过各种形式增强利用制度、措施、奖励、提高员工节能意识，并在员工的绩效考核中，增加相应的赋分指标，并在年度的评优评选中，专门设置"环保标兵"，通过这一系列的方式鼓励员工低碳工作理念。浙江南都物业管理有限公司在其高端项目东方润园小区，就推行这一服务理念，增强内部的机制，以鼓励为主，通过科学的管理制度，适当的培训，在员工中推行节能减排的理念，为服务中心和物业服务企业节约成本、减少不必要能耗、降低损耗起到了重要的作用，并且这一严谨的工作态度，得到了广大业主的交口称赞和支持。

▶节能改造——通过技术改造手段达到节能目的

这里包括对设施设备，公共能耗的更新改造和再利用。目前杭州仍有许多老旧小区，由于年代比较久远，在设计之初存在许多设计缺陷和不合理之处，在设施设备的使用上既不便利又浪费资源。此类物业区域由于历史原因，很多没有引进市场化的物业服务公司，实施的是"准物业服务"的服务模式。对于这类物业小区，只能通过节能改造来达到节能的目的，其中，对于公共设施设备的更新和再利用是最好的方式。

杭州市涌金门社区是位于西湖涌金门附近的小区，其地理位置十分优越，距离西湖只有 5 分钟的步行时间，但是其建造年代久远，目前许多的设施设备已经老化，水、电的无端损耗也大大增加。由于该社区实行的是"准物业服务"的模式，没有引进专业物业公司，社区和街道在其现有基础上，联系了相关的市政单位对该社区进行了水表管线的重新排布，引进"一户一表"，更换旧有水表，此项举措仅就损耗上就为每户业主每月节约了将近 1 吨水，业主明显发现水的使用量更加合理，大大减少了在管道中的浪费，节约了生活支出，也节约了社会资源。

▶树立低碳观念——加强员工培训和业主宣传工作

培养员工"节约能源，从自身做起"的观念，促进业主自觉遵行和维护低碳节能高效环保的服务理念和生活方式。要充分调动业主在节能减排工作中的积极性，让他们发挥积极作用，参与到节能减排工作中来。没有业主的支持，物业服务企业开展节能减排的工作将不会非常顺利，而且也必然会事倍功半。如上所说的节能改造，很多项目需要动用专项维修资金，二者又需要得到全体业主的同意和授权。物业势必要将这一活动的推广向业主作详细的宣讲，使得业主在思想上重视起节能减排的重要性，自觉接受物业服务企业的安排，并自觉参与到节能减排的活动中。就目前来看，一些管理节能的措施，如果没有业主的配合和参与，是无法实施的。例如，一些公共区域的水、电、照明设施以及各种公共消耗品等，如果业主不去珍惜爱护、节约使用，那么，所造成的能源浪费是惊人的。

案例　中科院社区低碳物业管理

按照节约能源的基本国策和要求，以提高能源利用效率为核心，强化节能意识，把节能工作作为管理工作的重要内容，严格节能管理，形成中心、处室，班组和个人四级节能管理网络。成立服务中心节能工作领导小组，制定了《能源管理制度》《能源统计报表管理制度》和《能源计量器具配备和管理控制》等管理制度，以及《机动能源管理考核》和《计量（检测）专业管理考核》等考核办法。服务中心所属各单位也制定了相应的节能管理办法和考核办法，使节能工作有章可循。服务中心将能源管理考核纳入专项绩效考核，每月召开一次设备能源例会，每季度对各单位进行一次能源检查，考核和奖惩，今年已兑现节能奖励 4 万元。

▶从强化能源基础管理工作出发，在院财计局和房产处的大力支持下，逐步建立起能源计量、统计、分析和现场管理等工作程序。在院部和考古所两处安装了用电管理系统，对用电情况及时准确地掌握第一手材料，并根据用电计量分析结果进行调整，以期达到节能效果。

▶加强能源现场管理，减少能源浪费。围绕"节约能源从点滴做起"的思路，常抓现场"长流水、长明灯"以及跑、冒、滴、漏现象的整治，严格控制办公用电、用水和空调的使用，加大现场检查力度，监督履行职责的情况，限期整改查出的问题，职工的节能意识有了明显增强。中心职工都基本能做到办公室、工作间人走关灯断电。将所管的锅炉房、热力站的普通灯泡更换成节能灯，节约了照明用电。根据具体情况，在确保照度的前提下，对图书楼 6 ~ 13 层楼道公共区的楼道灯进行了改造，把双管灯改为单管灯，将报告厅的白炽灯改装成节能灯，每年节电 30 100千瓦时。将图书楼、报告厅中央空调冷冻水出水温度由通常的 7℃ 调高到 9℃，将各过滤器、冷却塔反复清洗，使系统始终在良好状态下运行，既不影响制冷效果，又能在整个制冷季期间节约 3 万多千瓦时电。

▶积极配合相关部门开展节能降耗工作。为响应国家空调温度控制在 26℃ 的要求，积极配合施工单位更换了科研楼 700 多个智能温控开关；配合院财计局完成了图书楼洗手池红外线感应水嘴的更换工作，并安装了 4 块水表，对图书楼高低层分别控制，单独计量，达到节能的目的。在院财计局相关领导的大力支持下，配合完成了图书楼热力循环泵、冷却泵和冷冻泵的变频改造工作，收到一定效果，使供暖季和制冷季的节电率都在 30 % 以上，可节电 5 万千瓦时。除此之外，配合改装了办公区 40 瓦电感式工作日光灯 7 690 只，每只灯能降低 8 瓦用电量，还把院公共楼道、楼梯处的 40 瓦白炽灯进行了节能灯改造，共更换 9 瓦节能灯 1 150 只。接受有关领导交办的图书楼用电试点单位电改造工作，为图书楼加装了 11 块分电表箱，每月提供图书楼 8 路电源计量数据。据了解，图书楼也因节能效果明显而受到奖励。为落实院财计局领导的指示，积极配合外所的节能改造工作，向社科院研究生院、法学所等单位发放 T5 节能转换灯具 3 050 套。

案例　胜利油田仙河社区现行物业管理模式

由于油田生产的分散性和艰苦性，在油田开发建设过程中，按照"有利生产、方便生活"的原则，逐步形成了散布于百里油区的工业和物业布局。在原来的计划经济条件下，油田职工住房都是企业自建、自管，并配套建设了包括基础教育、医疗卫生、文化体育、生活服务在内的企业办社会体系。从近几年的运转情况看，社区成立以后，油田物业管理作为一个新兴的行业走上了正确的发展轨道，目前已形成一定的经济规模。从整体来说，现行社区物业管理模式具有以下特点和优势：

▶专业化的管理体制。原来油田的职工住房建设与管理以及教育卫生等，分散于各个二、三级单位，是作为生活后勤来对待的，只是生产的后勤保障。社区成立以后，把原来分散于各个单位的机构部分集中起来，实行专业化管理模式，并在全局平衡的基础上保证社区运转的基本投入，使主营单位能够轻装上阵，集中精力办好主营业务，从社区本身来说，明确了管理范围、管理对象和管理内容，有力地促进了社区工作的开展。成为油田经济中不可缺少的重要板块。

▶按区域进行集中管理。原来，由于各单位相互独立，各自为政，分片建设，自成系统，所以油田物业资源的浪费十分严重，社区成立后，能够从区域范围内统一考虑规划居民区内物业资源的配置，有利于减少重复建设和各种浪费，每个小区都建设集中的供热、供水、供电系统，不仅减少了投资，而且合理规划，完善了系统设备，降低了管理难度。

▶"建、管、修一体化"体系。先前由于受"先生产、后生活"观念的影响，加上各单位对住宅建设投入不足、管理不善。社区成立以后，住宅建、管、修的责任主体得到明确，油田住宅建设速度明显加快，而且建成一片、配套一片、使用一片，大大提高了住宅的使用效率，实行"建、管、修"一体化，油田住宅小区建设和改造已逐步引入了小区规划的理念，使广大居民享受到了一体化的系统服务。

▶社区物业管理的专业化。胜利油田的物业管理把提高对居民的服务水平和质量放在第一位。社区成立以后，各物业公司以"居民是亲人，服务是天职"为宗旨，狠抓了小区绿化、环卫保洁、治安巡逻等各项工作，由于对社区物业管理的考核办法是将居民满意率作为一项重要指标，并将这一标准与工资奖金直接挂钩，所以各物业公司都在提高居民满意率方面采取了一些具体措施，服务态度改善了，服务范围拓宽了，社区居民得到了更加便捷和优质的服务。

4.2　碳排放管理

4.2.1　指南要求

建立碳排放管理体系。试点社区应建立覆盖社区内各类主体的碳排放管理体系，制定碳排放管理制度，明确各主体责任和义务，建立社区重点排放单位目标责任制。社区内企事业单位和住宅小区物业单位应设置碳排放管理岗，负责日常低碳管理工作。

加强社区碳排放统计核算。试点社区应结合实际情况，明确碳排放统计核算对象和范围，建立社区碳排放统计调查制度和碳排放信息管理台账，按照社区碳排放核算相关方法学，综合采用统计数据、动态监测、抽样调查等手段，组织开展统计核算工作。

建立碳排放评估和监管机制。试点社区应定期开展碳排放评估工作，并定期向社区居民和有关单位公示反映社区低碳发展水平的指标信息。针对碳排放重点领域、重点单位、重点设施，鼓励推行碳排放报告、第三方盘查制度和目标预警机制，制定有针对性的碳排放管控措施。

4.2.2 管理措施

1. 建立碳排放管理体系

试点社区应建立覆盖社区内各类主体的碳排放管理体系，制定碳排放管理制度，明确各主体责任和义务，建立社区重点排放单位目标责任制。社区内企事业单位和住宅小区物业单位应设置碳排放管理岗，负责日常低碳管理工作。

2. 建立社区碳排放统计核算

试点社区应结合实际情况，明确碳排放统计核算对象和范围，建立社区碳排放统计调查制度和碳排放信息管理台账，按照社区碳排放核算相关方法学，综合采用统计数据、动态监测、抽样调查等手段，组织开展统计核算工作。

3. 碳排放评估和监管机制

试点社区应定期开展碳排放评估工作，并定期向社区居民和有关单位公示反映社区低碳发展水平的指标信息。针对碳排放重点领域、重点单位、重点设施，鼓励推行碳排放报告、第三方盘查制度和目标预警机制，制定有针对性的碳排放管控措施。

案例 镇江城市碳排放核算与管理平台

镇江城市碳排放核算与管理平台将碳排放数据在地图上通过点、线、面的方式进行直观展示，便于城市管理者直观地掌握低碳城市建设工作的全貌。系统通过对地图上不同的被监管区域叠加不同的颜色，可以显示该地区碳排放总量、工业生产过程碳排放量、能源种类碳排放量、废弃物碳排放量、碳汇量等相关情况，从而便于管理人员更直观地对比各地区的碳排放概况。系统构建包括镇江市相关部门、相关行业的碳排放统计和核算体系，建立智能化的碳排放数据收集、分析系统，为城市低碳发展决策提供直接依据。

建成后的镇江城市碳排放核算与管理平台部署在镇江云神云计算中心，运行于政务云平台中。系统将碳排放数据在地图上通过点、线、面的方式进行直观展示，并进行智能化的碳排放数据收集、分析，为城市低碳发展决策提供直接依据，便于城市管理者直观地掌握低碳城市建设工作的全貌。

▶区域碳排放信息

系统通过对地图上不同的被监管区域叠加不同的颜色，可以显示该地区碳排放总量、工业生产过程碳排放量、能源种类碳排放量、废弃物碳排放量、碳汇量等相关情况，从而便于直观地对比各地区的碳排放概况。

▶主干道碳排放信息

系统根据各路段的碳排情况对地图上被监控的路段叠加不同的颜色，从而更直观地对比各路段的碳排放情况，点击标识的路段可显示该路段温室气体排放的情况。

▶企业碳排放信息

系统可在地图上直观地显示区域内所有的高耗能企业，在全市地图下，显示排放量较大的高耗能企业。点击高耗能企业坐标时，可以显示该企业的碳排放详情。

案例 梅溪湖全过程能耗数据采集及分析平台

施工过程和运营过程中进行能耗和碳排放监测与分析，用数据的形式直观地检验生态城市实施效果，量化的数据将为生态城市建设和运营研究提供基础支持，并为其他生态城市的建设提供参考（图 4-1）。

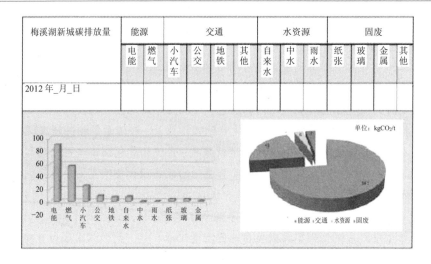

梅溪湖新城碳排放量	能源		交通				水资源			固废			
	电能	燃气	小汽车	公交	地铁	其他	自来水	中水	雨水	纸张	玻璃	金属	其他
2012年_月_日													

图4-1 全过程能耗数据采集及分析平台

梅溪湖新城能耗和碳排放监测具有如下特点：

- 国内首创施工过程中各项能耗数据实时监测和区域碳排放计量。
- 区域能耗和单体能耗监测相结合。
- 数据监测范围广泛，有利于数据统计分析，实现运营管理快速诊断，便于新城各系统高效运行和后期管理方案的完善。
- 同时显示世界各国著名低能耗建筑的能耗数值水平，可直接了解当前能耗处于何种水平。

低碳社区碳排放方法学

正在编制中的《低碳社区碳排放方法学》提出对低碳社区进行碳评估可采用前评估法和清单两种方法。

前评估法是指在社区建设前期的规划阶段，综合考虑社区的空间布局，根据规划内容预估低碳社区减排量的方法。该方法适用于城市新建社区、城市既有社区以及农村社区的新建部分。

清单法是指根据不同情景下社区的碳排放量，核算低碳社区碳减排量的方法。该方法适用于三类社区中的既有部分。

具体内容可详见国家发展改革委即将颁布实施的《低碳社区碳排放方法学》。

4.3　智慧管理

4.3.1　指南要求

建立社区综合服务信息系统。结合各地电子政务、智慧城市建设，鼓励试点社区同步建设完善的信息服务平台，建立多功能综合性社区政务服务系统和社区生活、商业、娱乐信息在线服务系统。

建立数字化碳排放监测系统。有条件的社区，应统筹建立社区碳排放信息管理系统，实现对社区内重点单位、重点建筑和重点用能设施的全覆盖，对社区水、电、气、热等资源能源利用情况进行动态监测。鼓励有条件的地区建设社区能源管控中心，安装智能化的自动控制设施，加强社区公共设施碳排放智慧管控。面向家庭、楼宇、社区公共场所，推广智能化能效分析系统。

4.3.2　管理手段

1. 家居安全与智能化

智能家居的首要任务是保障居家安全，网络摄像机对住宅门口、阳台或者客厅等公共区域实施监控管理，利用手机、平板电脑可实现远程监控。

智能家居系统配有报警传感器，一旦非法入侵立即启动报警，打开灯光、拉响警笛、抓拍图片、发送短信彩信。

对灯光、窗帘、电器实施自动控制、现场人工控制和远程网络控制。

2. 节能管理

智能家居系统对灯光电器设备可以实施定时管理，通过系统设置上班、睡觉时段的工作状态，从而达到节能的目的。

纳入智慧社区管理之后可以通过安装用电检测装置和设备电量实时监测装置，实现节能的社区网络管理，每家每户的用电情况自动监测并上报社区节能管理系统，系统根据上报的数据自动分析，当某户居民用电量超限时，自动向业主发送提醒信息。

3. 联网报警管理（管理中心—住户）

每户居民家中的智能家居系统包含了报警传感器，这些报警传感器被触发之后除了自动向业主发送短信/彩信之外，还向物业管理中心的联网报警管理服务器提交报警数据，管理中心实时显示报警点所在的区域、楼栋、房号、位置、报警性质以及现场图片（若有摄像机抓拍）等全面信息，服务人员将会及时采取措施，防患于未然保障每户居民的居家安全。

为确保报警信息的准确及时，智能家居系统在社区联网报警系统中采用两种数据传输模式：一是短信平台，报警数据以短信方式发出，服务器通过短信平台接收报警信息；二是网络平台，报警数据通过互联网直接到达报警信息服务器，两种模式互为备份，确保报警信息准确无误。

社区联网报警系统示意图如图 4-2 所示。

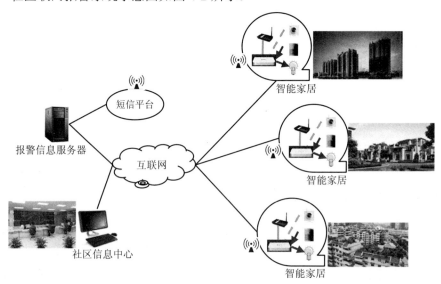

图 4-2　社区联网报警系统示意图

4. 社区商务服务（商户—住户）

提供商品配送服务、订餐配送服务的多家商户，将自己的商品信息提交社区商城，住户使用自己的手机、平板电脑、计算机，通过智能家居系统主机与社区商城服务器建立联络，下单交易，商家接收信息之后即时配送。智能家居主机软件、硬件的唯一性与住宅结合，确保订购信息的高度可靠性。

社区商务服务系统示意图如图 4-3 所示。

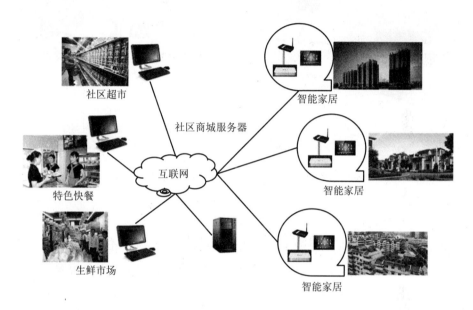

图 4-3 社区商务服务系统示意图

5. 社区信息服务（信息中心—住户）

社区信息服务信息分为两类：一类是公共管理信息，如通知、通告、新闻、天气预报等，另一类就是广告信息，如旅游信息、教育培训信息、商品促销信息、金融服务信息等。上述不管是哪一类信息，其系统结构都一样，只不过，公共管理信息显示在智能家居客户端的信息栏里，而广告信息需要在客户端登录之前就显示。

社区信息服务系统示意图如图 4-4 所示。

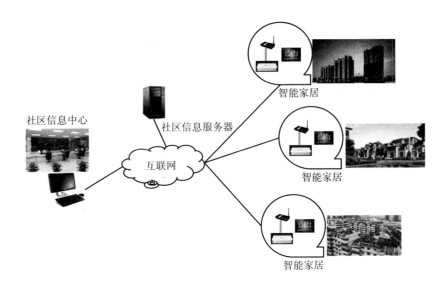

图 4-4　社区信息服务系统示意图

6. 社区医护服务与居家养老服务（社区健康服务中心—住户）

社区医护服务与居家养老服务的信息流程完全一致，但是服务内容不同。

社区住户发出医疗救护信息，医护服务中心工作站接收信息，医护人员根据信息的性质分别处理，急救信息需要紧急处理，立即上门，一般护理则按照服务流程执行。

居家养老的老人需要配置专门的手持式无线终端，根据不同的服务要求按下不同的按钮，例如洗衣、送餐、护理、清洁等，信息通过智能家居控制主机发送给服务器，居家养老工作站显示服务信息，派遣服务人员上门服务。

社区医护与养老服务系统示意图如图 4-5 所示。

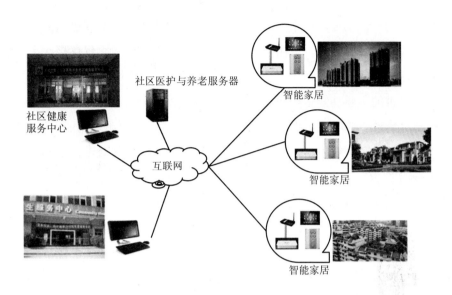

图 4-5　社区医护与养老服务系统示意图

7. 门禁与可视对讲系统（楼宇门口—住户）

门禁与可视对讲系统原是小区智能化的组成部分，而不是智慧社区网络服务的组成部分，但由于可视对讲与住户住宅有直接关联，所以往往被一部分人误认为是智能家居或者智慧社区的一部分。以下作简单分析。

可视对讲是通信发展的产物，在中国，20 世纪 90 年代之后由于有线电话的普及，同时也诞生了楼宇可视对讲，它能够解决人们看到来访者并能与之通话的问题，从而增加了住宅的安全性。早已成熟的模拟信号可视对讲系统成本低廉，平均每住户 300 元即可，且稳定可靠，是一种广泛应用于新建楼盘的小区智能化系统。

近年来随着通信技术和计算机技术的飞速发展，全数字可视对讲开始出现，产品的主要思路是：基于 TCP/IP 协议的局域网传输数据，利用安卓（andriod）操作系统的平板电脑作为对讲系统的门口机和室内分机，利用网络传输视频和音频数据实现可视对讲。其优点是全数字、技术先进、功能强大、可扩展性好；其缺点是依靠网络布线，基础设施的线路和交换设备成本高，室内分机的价格也远高于传统的模拟可视对讲。客观地说，如果没有智能家居和联网的小区服务，全数字可视对讲的价值不大，如果加上智能家居和联网服务，则需要更大的投入、更高的成本，经济上不划算，应用上也有很大的局限性，因为它仅仅存在于新建的高档社区而没有完整的智慧社区概念。

可视对讲的主要功能是：访客呼叫，室内分机显示来访者视频画面并提机讲话，控制门禁系统开门，或者业主刷卡、输密码开门。其他附加功能不一一列举。

在本智慧社区系统中，新建小区设计的是 3G 无线可视对讲，主要原理是：基于运营商的 3G（或 4G）网络，门口呼叫者直接拨通的是业主的 3G 手机，视频通话之后被叫方按键帮助来访者打开单元门。这个解决方案是目前最优秀的解决方案，其优点是：一台门口机需要一张 3G 电话卡，利用运营商的移动通信网络实现通信，没有局域网布线的成本，业主使用手机接听电话观看视频，没有了室内分机也就没有了地域限制，更减少了设备成本；其缺点是：依赖于移动通信运营商，需要长期缴费保证系统的正常运行。总之，移动 3G 可视对讲系统的优势远远大于其缺点，系统的稳定可靠性更高，运维成本极低！

移动 3G 可视对讲系统示意图如图 4-6 所示。

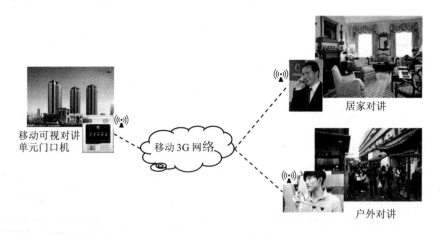

图 4-6　移动 3G 可视对讲系统示意图

8.　具体措施

低碳社区关注整个社区及社区内各小区、社会单位的能源资源消耗和碳排放水平，同时需要对社区内水体、空气质量和公共卫生进行环境监控，还要通过各种宣传教育手段对社区居民进行低碳生活的引导，这些方面都可以借助智慧管理的方式得以实现。

经过国内外的广泛研究和实践检验，智慧社区已经形成了较完备的技术体系，低碳社区在很多方面与智慧社区存在交集，在社区的建设和管理中可以相辅相成，在社区建设和发展中共融共生。

合理利用现代化信息技术、网络技术和控制技术，满足住户及物业管理需求。不同类型、不同档次、不同居住对象的社区对智能化系统的功能需求不同，可以根据情况适当配置合适的智能化管理系统。

一是社区公共安防系统，包括周界防范、视频监控，楼宇访客对讲、巡更 4 个主要的子系统。

二是社区设备监控系统，包括给水排水、交配电、公共照明和绿地喷洒、供热、会所等公共建筑的集中空调和送 / 排风、电梯监视等子系统。

三是社区信息系统，主干为千兆位以太网，在以太网上建立住区配置内部信息应用服务器提供区内各种信息服务，配置互联网服务器实现互联网的接入。

四是社区家具智能系统，配置家庭接线箱实现家庭安防和 PC 类设备的家联网，并通过家庭智能控制器与物业管理连接。

五是社区集成与物业管理系统，包括集成平台和物业管理两部分内容。集成平台可以建立在信息网上，也可以建立在设备监控或安防管理网上。物业除了传统的基于集成平台的物业计算机管理系统外，还包括了表具自动集抄、车辆出入口管理、一卡通管理、背景音乐和公共广播、信息公告等子系统。

六是社区管线系统，包括楼内公共区域的管线与社区内的主干管道，并与社区外公共管线连接。主干管道内包括光纤宽带网、电话电缆、闭路监视干线、有线电视线路、消防报警主干线路、社区背景音乐 6 条管网。室外管道应具有防水功能。

七是社区机房系统，社区中心机房应考虑设置在区内的合适位置，有合理的面积、高度和布局。并要着重考虑机房的室内环境、建筑装修、设备布置、电器工程、消防灭火、出入口控制以及进出管线等设施。

八是社区生态监控系统，包括环境监测和节能、节水控制两部分内容，既要考虑住宅，也要考虑住宅外的公共区域。

案例 中新济南智慧城社区

中新济南智慧城社区以生态、智慧为两个核心元素，在生态层面关注社区水域环境、声环境、空气质量、饮用水质量、社区公共充电站、公共和小区停车场充电桩、自行车租赁站、非传统水源利用、可再生能源建筑应用等；在智慧层面与生态相契合，设立社区热环境、噪声环境、光环境和空气质量监测、直饮水水质监测、固体废弃物监测、建筑设备智能监测、社区能耗计量与城市的接口、社区环境数据与城市的接口等。

为了实现以上生态和智慧功能，中新济南智慧城构建了完善的指标体系（图4-7），建立了"1个中心、4张网络、7种感知，一体化全方位应用服务"的智慧系统，其中1个中心是社区综合运营管理中心，实现社区内数据的收集和处理，社区与城市的信息对接、信息交换等社区服务管理；4张网络是指通过对传统信息化和智能化系统的融合，建立了物业服务网、广播电视网、消防报警网、信息接入网；7种感知是指信息发布、智能停车、环境卫生检查、公共设施能源管理、社区安防、智能家居和消防报警及联动。

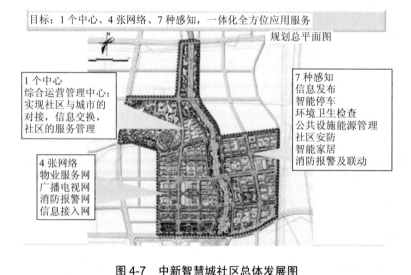

图4-7 中新智慧城社区总体发展图

案例 华为智慧社区

华为打造的智慧社区解决方案就是以完善的信息基础设施和特色应用为基础，融合"智慧家庭""智慧楼宇""智慧社区服务""智慧城区管理"等核心要素，通过物联网、传感网、互联网及云计算等先进技术及应用，整合社区资源、优化社区管理与服务体系，为社区居民提供安全、健康、便捷、幸福等服务，建设"网格化管理、信息化服务、智能化生活"的生态化社区（图 4-8）。

> 智慧社区需要打造一个统一平台，设立城市社区数据中心，构建三张基础网络，通过分层建设，达到平台能力及应用的可成长、可扩充，创造面向未来的智慧社区和智慧城市系统框架。

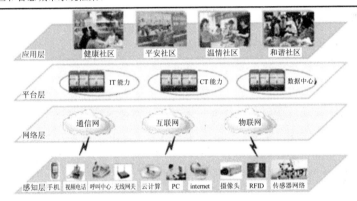

图 4-8 华为智慧社区解决方案

解决方案利用自身优势，基于融合语音、视频、数据、业务流等先进技术，提供呼叫中心、视频监控、全新 IP 终端以及多终端一致体验等新特性和功能。通过智慧社区的软硬件条件建设，提高社区档次，提升业主生活品质，改善社区的生活环境，增加业主的安全感与幸福感。借助社区免费 VOIP 服务，业主之间可随时随地进行免费视频通话，增强邻里沟通，邻里之间沟通更加紧密、顺畅，促进社区和谐。

同时，能够提高社区的物管水平，构筑人性化、规范化的管理服务体系，形成以人为本的社区环境，向居民提供多样化、个性化的服务方式和内容，不断提高小区人文素质水平。在提高物管服务水平的同时，利用统一服务中心为多个社区提供服务，利用社区安防体系中，节省物业人员数量，降低人力成本。引入物联网高科技到房产项目中，实现全面的社区智慧化、智能化，全力营造一个科技、时尚、智能的智慧社区，提升房产的自身价值。

通过对社区公共服务质量改进，提升社区居民的社区归属感，让居民感觉社区就是一个大家庭，通过智能家庭终端的社区公告服务门户，可省去包括纸质宣传单、广播、电视媒体等多种传统宣传方式，因为此信息可以直接传达到居民每天都能刷新到智能家庭终端首页，极大地提高了信息传输效率。发布与社区相关的重要信息，包括社区要闻，停电、停水检修通知等。

当居民智能家庭终端处于待机状态时，系统会动态播放社区内商业街等消费场所的优惠信息。对社区 3 公里商圈店家而言，省去了大额的纸质宣传单印刷及派发人工支出；对社区而言，减少了纸质垃圾；对居民而言，省去了到处查找优惠信息的麻烦，同时不干扰居民的正常生活，当他们有需要时，只需简单地点击，就能轻松找到。发布与业主相关的信息：包括幼儿园学习及接送信息、节日祝福等提醒信息、来访者留言信息、快递代收信息、水电物业费催缴信息等。

对社区的独居老人，如果文字无法表述清楚，或者不熟悉打字的老年人，可以直接一键语音对讲、视频对讲。同时，利用红外感应器监控独居老人在家的活动状况，如在设定情况下家中无人员移动情况，则需要社区工作人员优先上门查看独居老人是否有紧急情况的发生。除此之外，老人还可以使用专用遥控器向居委及家属发送紧急信息，确保独居老人在家生活的安全。

案例　武汉市"四到社区"系统

武汉市"四到社区"包括社会保障、城市管理、社会治安综合治理、社会服务到社区四项内容。通过成立以下推进机构，整合城市网格化管理系统、低保管理系统、计生管理系统等，按照网络、软件、应用、管理四统一的原则，走出了一条较具特色的社区服务与管理信息化建设与发展之路。总体设计图如图 4-9 所示。

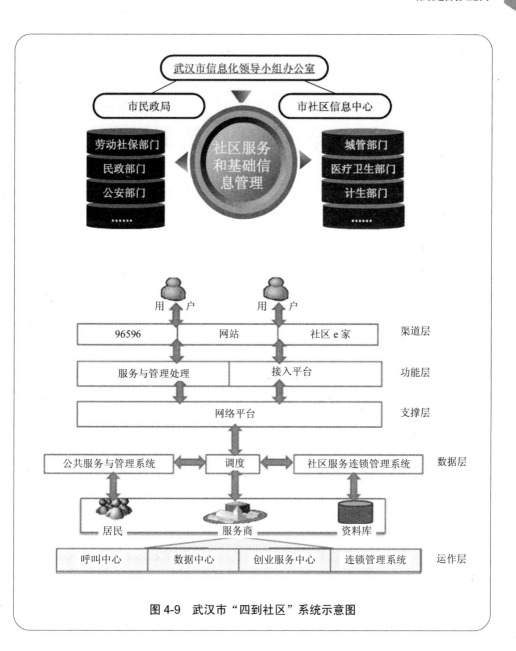

图 4-9 武汉市"四到社区"系统示意图

第5章 低碳生活引导

5.1 低碳文化

5.1.1 指南要求

在社区建设过程中，项目建设单位应通过悬挂标语、制作墙板、印制宣传手册等多种方式，广泛宣传低碳建设内容。在社区建成投运后，面向社区居民和单位发放低碳生活、低碳办公指南，张贴低碳相关标识和说明，指引入驻单位和社区居民科学利用社区内的公共设施，培养低碳消费行为和生活方式。

5.1.2 管理措施

低碳文化是指在人们的文化生活及生产实践中，实现低碳消费、低碳排放的意识和行为；在涉及物质能源消费的活动中，能以提倡生态文明的目标进行低碳排放和低能源消耗。从本质来看，低碳文化是崇尚生态价值、绿色环保、秉持可持续发展理念的文化，旨在促进人、社会、自然和环境的全面、协调、可持续发展。从功能作用来看，低碳文化是一种科学文化，它遵循科学法则、崇尚科学精神，并具有实践指导性。低碳文化也是社会文化发展的一种手段，人们可以从方法论的高度去加工、提炼、升华已掌握的不同学科、不同领域的各种科学方法或奇思妙想，形成具有比较固定的规则和条理的程序，进而可以处理各种较为复杂的低碳问题的方法。从社会整体发展的角度来看，低碳文化要求在全社会形成低碳、可持续发展的意识和价值观，促进包括社会发展、经济建设和文化发展在内的整体发展的低碳化和生态化。

1. 低碳宣传

在低碳社区建设过程中，可结合全国低碳日、环保日等节日，项目建设单位应通过悬挂标语、制作墙板、印制宣传手册等多种方式，广泛宣传低碳建设内容，让居民树立低碳价值观、低碳意识和低碳态度。

1）低碳价值观

价值观是人对事物的属性，满足人的需要程度的总体评价和看法，反映的是事物的使用价值和功能。低碳价值观的评价标准不仅以人为尺度，而且以更深层次的自然生态为尺度。在认识人与自然、资源、环境的关系问题上，摒弃传统的人类中心主义倾向，以人类与自然的和谐共惠共生为发展的准绳。在价值关系方面，既承认自然对人的各种价值和功能，是维持人类生存与发展的基础和前提，是人类进行物质资料生产活动的先决条件，同时也要承认自身的存在价值，是地球生命系统的重要组成部分，维系着生命和自然界的可持续发展。在处理人与自然关系的问题上，要求尊重自然，以审美和欣赏的态度热爱大自然，以高尚的情怀和人性关心大自然，尊重自然规律，追求自然生态与经济社会发展、科技进步与环境保护、物质满足与人的心灵净化之间的平衡协调，寻求人与自然共生共荣，和谐发展。

2）低碳意识

首先，低碳意识表现为责任意识。由于我国受人口众多，人均资源占有量小等国情限制，加之处在社会转型期阶段，人口资源环境问题突出，发展低碳经济又面临着技术和资金的两大瓶颈，单纯依靠政府和企业力量是远远不够的，还需要广大民众自觉参与到低碳行动中来。"不积小流，无以成江海"，千百万民众的低碳行动是推动低碳生活的力量源泉，也是发展低碳经济，建设低碳社会，实现人与自然和谐共处的重要保证。联合国环境规划署执行主任阿齐姆·施泰纳说："在低碳减排过程中，普通民众拥有改变未来的力量。"这就需要发扬勤俭节约的优秀传统文化美德，践行低碳生活方式，进行科学合理消费，为促进低碳发展协同努力，为兑现我国向国际做出的减排承诺做出个人应有的担当。其次，低碳意识还要具备节俭意识。节俭意识倡导人们在日常生活中养成节电、节水、节能的好习惯，尽量将个人的碳排量降低。提倡"勤俭节约型"的生活方式，杜绝挥霍和浪费，崇尚简约、精致而纯粹的生活。最后，推动低碳减排，还需要公众具有环保和"碳汇"意识。"碳汇"主要指通过植树造林、种草等绿化手段和方法，净化空气，吸纳空气中的二氧化碳以美化环境的活动和过程。通过引导公众树立环保和"碳汇"意识，珍爱自然，呵护自然，共建人类美好的精神家园。

3）低碳态度

态度是人们对客观事物的一种内在倾向，是行为的预先准备，对行为具有指导作用。态度决定一切。低碳态度倡导人们为履行全球应对气候变化的共同责任，为如期实现国家承诺的到 2020 年，单位国内生产总值二氧化碳排放比 2005 年下降 40%～45% 的目标，为建设"资源节约型和环境友好型"社会的宏伟蓝图而做出个人的努力和行动。低碳态度告诉我们：低碳不只是个人的自愿行为，更是公众承担社会责任和公民精神的有力表现。所以，有了勇担使命的责任意识和厉行节约的愿望和决心，纠正个人的浪费、不当消费的习惯，拥有给予大自然深度关怀的人文情怀和态度，那么以每个人的绵薄之力乘以 13 亿人口汇集而成的低碳力量是难以想象和超越的。

案例 "远洋·社区零废弃"项目

为响应国务院于 2011 年 4 月批转的《关于进一步加强城市生活垃圾处理工作意见的通知》提出的"要优先实施城市生活垃圾源头减量"，并"鼓励居民分开盛放和投放厨余垃圾，实现厨余垃圾单独收集循环利用"的号召，北京远洋之帆公益基金会与中国科学院生态环境研究中心合作，在东城区东华门街道韶九社区开展"远洋·社区零废弃"项目，计划通过 2 年时间的系统实施，引导社区居民正确进行垃圾分类，积极开展垃圾减量，为北京市生活垃圾源头减量作出贡献。

"零废弃"项目共分为 4 个阶段，每半年为一个阶段。主要包括项目体系组建、基本设施安置、培训宣传、特别活动及数据系统收集 5 方面。具体如下：

▶构建创新型组织架构

"自下而上"式的组织机构，居民自愿成立组织以及其持续运行动力至为关键，不确定因素也较多。因此要成立项目管理组，定期商议交流（每月 1 次），沟通项目开展情况，及时进行方案微调和效果预测，督促项目按阶段达标。

- "零废弃"项目组：远洋之帆公益基金会、中科院生态研究中心；
- 社区垃圾分类项目理组：远洋之帆公益基金会、中科院生态研究中心、韶九社区居委会；
- 相关政府部门：东城区市政管委、东华门街道办事处、东华门街道环卫所；
- 相关专家：北京市市政管委、北京市环卫所、NGO（远洋之帆公益基金会）；
- 社区垃圾分类志愿者小组：每个楼门至少一人、社区垃圾分类指导员、居委会工作人员；
- 社区居民积极分子：参与垃圾分类活动的社区居民；
- 社区居民：整个试点院落的所有居民。

说明：社区垃圾分类管理组每月进行 1 次例会，沟通项目开展情况，以便对下月工作进行预测和微调。

▶循序渐进，分阶段达标

行为培养需要时间。因此，"零废弃"项目一定要遵循循序渐进的自然规律，制定可实施的各阶段垃圾资源化及减量化目标，逐步改变居民的旧有习惯，提升他们垃圾分类的环保理念与操作水平。各阶段资源化及减量化目标如图 5-1 所示：

第一阶段	第二阶段	第三阶段	第四阶段
· 垃圾分类回收率达 50% · 厨余垃圾分类正确率达 60% · 废纸、塑料瓶正确回收率达 70% · 废旧家电回收率达 100%	· 垃圾分类回收率达 50% · 厨余垃圾分类正确率达 70% · 废纸、塑料瓶正确回收率达 80% · 利乐包、塑料容器、易拉罐回收率达 20% · 废旧家电回收率达 100%	· 垃圾分类回收率达 60% · 厨余垃圾分类正确率达 70% · 废纸、塑料瓶正确回收率达 80% · 利乐包、塑料容器、易拉罐回收率达 40% · 玻璃等其他可回收物回收率 15% · 废旧家电回收率达 100%	· 垃圾分类回收率达 80% · 厨余垃圾分类正确率达 70% · 废纸、塑料瓶正确回收率达 80% · 利乐包、塑料容器、易拉罐回收率达 50% · 玻璃等其他可回收物回收率达 20% · 废旧家电回收率达 100%

图 5-1　各阶段资源化及减量化目标

2011 年 8 月 11 日，"远洋·社区零废弃"项目的首次活动——项目志愿者培训活动顺利完成。中科院生态研究中心周传斌老师为居民讲解了垃圾分类的相关知识，并对他们日常生活中遇到的垃圾分类问题进行了解答。

由于项目持续时间较长，因此周期性举办一些与垃圾分类相关的社区居民活动，能够加强居民对"远洋·社区零废弃"项目的关注程度，激发居民坚持参与垃圾分类的积极性。可开展的特别活动有：生态家庭种植大赛；利乐包、易拉罐等废弃物手工制作小比赛；社区跳蚤市场；电子垃圾回收；旧书旧衣物捐赠等。"远洋·社区零废弃"项目除配备以上设施外，同时还在社区内实验性安置了 2 个简易的厨余垃圾堆肥桶，可供 5 户居民将厨余垃圾转化为肥料，用于社区绿地及家庭种植。

低碳生活的宣传标语

1. 选择低碳、选择人生
2. 节约，节能，节节相关；环境，环保，环环相扣
3. 选择低碳　绿色相伴
4. 倡导低碳生活　呵护生态家园　共享碧水蓝天
5. 低碳生活一小步　品德时尚一大步
6. 节能是一种美德　环保是一种时尚
7. 树立"低碳"理念　创建绿色家园
8. 节能　有限资源无限循环
9. 低碳让生活更时尚　节约让生活更美丽
10. 倡导低碳生活　让地球不再叹息
11. 为了地球的明天　请奉献您的一小时
12. 节约好比燕衔泥，浪费犹如河缺口，能源连着你我他，低碳生活靠大家
13. 节能低碳意义大，行动落实靠大家，关灯节水多步行，绿水青天笑脸迎
14. 提倡绿色生活　实施清洁生产
15. 树立节水意识　反对浪费水源
16. 提高环境道德水平　建设文明小康城区
17. 企业求发展　环保须先行
18. 提高环境保护意识　爱护我们共有家园
19. 天蓝水清　地绿居佳

20. 合理利用资源　保护生态平衡

21. 创造绿色时尚，拥抱绿色生活

22. 拯救地球，一起动手

23. 保护环境，从我做起

24. 追求绿色时尚，拥抱绿色生活

25. 心动不如行动，去怨不如去干

26. 喝洁净的水，呼吸新鲜的空气，这需要您每时每刻爱护环境

27. 保护生态环境，就是爱护自己

28. 创建绿色校园，从你我做起

29. 美化生活，净化心灵

30. 建设绿色校园，增强环保意识

31. 创造绿色时尚，拥抱绿色生活

32. 绿色校园，绿色生活

33. 绿色是我们的家园

34. 它失去了保护，我们就失去了健康

35. 给我一片绿，还你一片荫

36. 如果没有树木，世界将会暗淡无光

37. 爱无限，绿无边

38. 树木拥有绿色，地球才有脉搏

39. 环境好，生活就好

40. 花草树木都是宝，没它我就不行了

41. 人人都来爱护它，世界才会更美妙

42. 人类只有好好地对待大自然，大自然才能无限地回报人类

43. 保护环境，少说多做，让校园成为绿色的殿堂

44. 只要给予一些爱，就能给你带来郁郁葱葱的绿荫

45. 别在绿色消失时，我们才去后悔

46. 珍爱生灵、节约资源、抵制污染、植树护绿

47. 保护环境，保护自然就是保护人类自己

48. 树环保之风，迎美好明天

49. 保护环境从我做起，爱护学校从学生做起

50. 绿色象征生命，珍惜生命，环保第一

2. 低碳生活

低碳生活既是一种生活方式，同时更是一种可持续发展的环保责任。生活要求人们树立全新的生活观和消费观，减少碳排放，促进人与自然和谐发展。低碳生活将是协调经济社会发展和保护环境的重要途径。在低碳经济模式下，人们的生活可以逐渐远离因能源的不合理利用而带来的负面效应，享受以经济能源和绿色能源为主题的新生活——低碳生活。顾名思义，低碳生活就是在生活中尽量采用低能耗、低排放的生活方式。低碳生活既是一种生活方式，同时也是一种生活理念，更是一种可持续发展的环保责任。低碳生活是健康绿色的生活习惯，是更加时尚的消费观，是全新的生活质量观。

在低碳社区建设过程中，建议可编制指导居民生活的低碳指南推动低碳生活的建设，内容建议可包括以下方面：

1）低碳生活指南——衣物

选择棉、麻等自然质地的衣料；穿着"节能装"；少买不必要的衣服；尽量手洗衣物；机洗注意节水节电；适量使用洗衣粉；降低洗衣频率；选择自然晾干；减少衣物干洗次数；使用电熨斗注意节电；旧衣服再利用。

2）低碳生活指南——食物

选择本地食品；减少肉类消费，多吃蔬菜；选择当季水果和蔬菜；少喝瓶装水，选择软包装饮料；减少一次性餐具的使用；合理使用冰箱；选择简单的烹饪方式；选择低碳烹饪用具；养成低碳的烹饪习惯；利用太阳能烧水；少抽或不抽烟；适量饮酒；"吃不了兜着走"；适量烧开水；节约厨房用水。

3）低碳生活指南——住房

生产住宅建筑材料的碳排放；生产住宅装修材料的碳排放；住宅取暖制冷的碳排放；使用家用电器的碳排放；装修崇尚简约；选用可持续建材；适当旧物改造。

4）低碳生活指南——出行

在旅行中选择政府与旅行机构推出的相关环保低碳政策与低碳出行线路、个人出行中携带环保行李、住环保旅馆、选择二氧化碳排放较低的交通工具甚至是自行车与徒步等方面。

各种交通工具能源消耗比较如表 5-1 所示。

表 5-1　各种交通工具能源消耗比较

交通工具	每人每公里耗能	交通工具	每人每公里耗能
小汽车	8.1	地铁	0.5
摩托车	5.6	轻轨	0.45
公共汽车	1.0	有轨电车	0.4
无轨电车	0.8	自行车	0.0

低碳生活准则

1. 少用纸巾，重拾手帕，庇护森林，低碳生活；

2. 每张纸都双面打印，相当于保留下半片原本将被砍掉的森林；

3. 随手关灯、开关、拔插头，不坐电梯爬楼梯；

4. 绿化不只是去郊区种树，在家种些花卉一样能够绿化，还无须开车；

5. 一只塑料袋 5 毛钱，但它形成的污染损失可能是 5 毛钱的 50 倍；

6. 美满的浴室未必一定要有浴缸；早已安了新建材，未必每次都用；早已用了，请用积水来冲刷马桶；

7. 关掉不用的电脑，减少硬盘工作量，既省电也维护你的电脑；

8. 骑自行车上下班的人一不担忧油价涨，二不担忧体重涨；

9. 没必要一进门就把全部照明打开，人类发现电灯至今可是 130 年，之前的几千年也过得好好的；

10. 考虑到坐公交为世界环境做的贡献，至少能够抵消一部分私家车带来的优越感；

11. 请相信，痴迷皮草那可是一种反祖冲动；

12. 可以这么认为，天气变暖一部分是出于对过度使用空调、暖气的报复；

13. 尽量少使用一次性牙刷、一次性塑料袋、一次性水杯……由于制造它们所使用的石油也是一次性的；

14. 如果你知道西方一些海洋博物馆里展出中国出产的鱼翅罐头，还会有这么好的食欲吃鱼翅捞饭吗；

15. 未必红木和真皮才能表现居家品味；建议使用竹制家具，由于竹子比树木长得快；

16. 其实利用太阳能这种环保能源最简单的方式，就是尽量把工作放在白日做；

17. 过量肉食至少伤害三个对象：动物，你本人和地球；

18. 婚礼仪式不是你憋足 28 年劲甩出的面子，更不是家底堆集的 pk。现在简约、低碳才更是甜美文明的附加值；

19. 认为把水龙头开到最大才能把蔬菜盘碗洗得更干净，那只是心理作用；

20. 能够义正词严地说，衣服攒够一桶再洗不是由于懒，而是为了节约水电；

21. 把一个孩子从婴儿期养到学龄前，花费确实不少，部分玩具、衣物、册本用二手的就好；

22. 如果堵车的队伍太长，还是先熄了火，安心等会儿吧；

23. 定期检查轮胎气压，气量过低或过足会添加油耗；

24. 按期清洗空调，不只为了健康，还能够省不少电；

25. 一般的车用 93# 油就够了，盲目使用 97# 可能既费油，还伤发动机；

26. 跟老公交司机学习怎么样省油：少用急刹车，把油门关了，靠惯性滑过去；

27. 有些人，尤其是女性，洗个澡用掉四五十升水，洁癖也不用这么夸张；

28. 科学地勤俭节约是优秀品质；剩菜冷却后，用保鲜膜包好再送进冰箱；热气不只添加冰箱做功，还会结霜，双重费电；

29. 其实空调外机都是按照防水要求设想的，给它穿外衣，只会降低散热结果，当然费电；

30. 洗衣粉出泡多少与洗净能力之间无必然联系，而低泡洗衣粉能够比高泡洗衣粉少漂洗几次，省水省电省时间；

31. 洗衣机开强档比开弱档更省电，还能延长机器寿命；

32. 电视机在待机状态下耗电量一般为其开机功率的 10% 左右，这笔账算起来还真太小；

33. 如果只用电脑听音乐，显示器尽量调暗，或者干脆关掉；

34. 如果热水用得多，不妨让热水器一直通电；

35. 洗干净同样一辆车，用桶盛水擦洗只是用水龙头冲刷用水量的 1/8；

36. 能够把马桶水箱里的浮球调低 2 厘米，一年能够省下 4 立方米水；

37. 建立节省档案，把每月耗损的水电煤气也记记账，做到心中有数；

38. 买电器看节能方针，这是最简单可行的方法了；

39. 实验证明，中火烧水最省气；

40. 10 年前乱丢电池还能算是无知，现在就完全是不负责任了；

41. 随身常备筷子或勺子，早已是环保人士的一种标签；

42. 冰箱内存放食物的量以占容积的 80%为宜，节能环保，放得过多或过少，都费电；

43. 开短会也是一种节约——照明、空调、音响等；

44. 没事多出去逛逛，"宅"是很费电的；

45. 如果不是必要的话，尽量买本地、当季的产品，运输和包装常常比出产更耗能；

46. 植树为你排放的二氧化碳埋单，排多少，吸多少；

47. 衣服多选棉质、亚麻和丝绸，不只环保、时尚，并且文雅、耐穿；

48. 烘干真的很必要吗？还是多让你的衣服晒晒太阳吧；

49. 在后备厢里少放些东西吧，那也是重量，浪费汽油资源，还易被盗；

50. 美国有统计表明：离婚之后的人均资源消耗量比离婚前高出 42% ~ 61%，请用我们的婚姻保护大家共同的家！

案例　天津河东区二号桥街道低碳生活宣传

街道举办了一个废旧物品作品展，50 多位妈妈们将自己的拿手改造物品进行了展示，并互相交流经验（图 5-2）。她们用旧布条制作成一个个精美的隔热垫；用旧报纸折成花瓶；用旧衣服制作成帽子等。每件作品都精致新颖、栩栩如生，线条粗细有致，颜色搭配合理。"平时我就喜欢手工制作，生活中有很多废旧物品，扔了怪可惜的。借着这个机会大家集思广益，既增添了乐趣，又激发了灵感。"

图 5-2　居民改造物品展示现场

3. 低碳办公

低碳办公是指在办公活动中使用节约资源、减少污染物产生、排放，可回收利用的产品。它是节能减排全民行动的重要组成部分，它主张从身边的小事做起，珍惜每一度电、每一滴水、每一张纸、每一升油、每一件办公用品。

除了选择低碳办公设备，减少文件复印打印以外，有效地利用远程视频会议平台，可降低 30% 的二氧化碳的排放量。

1）召开远程会议

无论是董事会议还是全国销售会议，没必要所有人都要长途差旅。简单地运用网络视频会议系统，在降低企业运营成本的同时，可以迅速降低二氧化碳的排放量。

2）远程培训

对于人力资源部门来说，采用远程培训的方式对各地分支机构员工进行培训，无疑是最快速、最有效的方法，同时，还可以 Online 线上学习平台，采用录制的标准课件，可以进一步提升学习效率。

3）远程客户服务

通过远程客户服务平台，销售人员和工程师就可以在公司为远在千里之外的客户在线解决问题，可以远程控制远程用户桌面，并查找、修复发现的问题，维护系统安全等，从而减少旅行中对环境的负面影响。

4）远程办公

可以安排部分员工定期在家工作，在降低企业运营成本的同时还可以提高生产力和员工士气，节省了每天在路上的几小时的交通堵塞。

5）项目协同工作

项目组的成员能进行远程协作，使地理上分开的工作组以更高的速率和灵活性以电子方式组织起来。许多大公司与其分公司间通过视讯平台，利用桌面视讯会议，实现整个公司的办公自动化，相关人员可以在屏幕上共同修改文本、图表，进行资源共享。

6）网上发布会

举办在线的产品发布会或渠道会议，企业客户、合作伙伴通过视讯平台远程参与，相对比传统的发布会将大大节约邀请嘉宾参会的差旅费和招待费，这是一场高效率、低碳的产品发布会。

7）远程商务洽谈

视讯业务最普遍、最广泛的应用，适用于一些大型集团公司、外商独资企业等在商务活动猛增的情况下，逐步利用视讯会议方式组织部分商务谈判、业务管理和商务谈判。

8）团队建设

多个办事处就意味着各自孤立，同事之间经常使用远程视频会议彼此见面沟通，就好像在同一间办公室，有助于提高团队的协作。

9）人力资源招聘

通过视频面对面的初步筛选合适的候选人，对企业和应聘者来说都极大地提高了工作效率，视频面试比电话面试更加真实可靠，并且企业还拓宽了招聘渠道，可以获取更多的在异地的人才。

10）减少办公设备使用

采取无纸化办公平台，尽量减少文件复印及打印。可以通过网络在线处理公文、收发电子邮件、传真，在减少纸张消耗的同时，更可提高办公效率。

11）办公室空调的节能利用

夏季办公楼空调温度设置于 27～28℃，使用空调时关好窗户，下班前 20 分钟关闭办公室空调。办公室内的温度在空调关闭后将持续一段时间。下班前 20 分钟关闭空调，既不会影响室内人员工作，又可节约大量的电能。

12）办公电脑的节能利用

一是注意平日对电脑的清洁，如果机箱内灰尘过多，会影响电脑的散热，而显示器屏幕浮着的灰尘也会影响到其亮度。定期清洁擦拭，不仅省电还可以使电脑得到良好的保养。将电脑显示器亮度调整到一个合适的值。显示器亮度过高既会增加耗电量，也不利于保护视力。在用电脑听音乐或者看影碟时，最好使用耳机，以减少音箱的耗电量。

二是为电脑设置合理的"电源使用方案"，短暂休息期间，可使电脑自动关闭显示器，较长时间不用使电脑自动启动"待机"模式，更长时间不用，尽量启用电脑的"休眠"模式。坚持这样做每天可至少节约 1 度电，还能延长电脑和显示器的寿命。

三是办公电脑屏保画面要简单、及时关闭显示器。屏幕保护越简单的越好，最好是不设置屏幕保护，运行庞大复杂的屏幕保护可能会比你正常运行时更加耗电。可以把屏幕保护设为"无"，然后在电源使用方案里面设置关闭显示器的时间，直接关显示器比起任何屏幕保护都要省电。

13）大力节省打印耗材

打印是办公室最常见的工作，而打印耗材是一台打印机耗费金钱最多的一项，在使用中，一定要学会怎样节约耗材。

一是根据不同需要，所有文件尽量使用小字号字体，可省纸省电。复印、打印纸用双面，单面使用后的复印纸可再利用空白面影印或裁剪为便条纸或草稿纸。

二是缩小页边距和行间距、缩小字号。

三是打印时，能不加粗、不用黑体的就尽量不用，也能节省油墨或铅粉。

四是能够用电脑网络传递的文件就尽量在网络传递，比如电子邮件、单位内部网络等，这样下来也可以节约不少纸张。

五是在打印非正式文稿时，可将标准打印模式改为草稿打印机模式。

低碳办公准则

1. 纸请确保双面使用，因为多使用一面，就相当于少砍了 50% 本应该被砍伐的树木，而你则是保护者。

2. 尽量少使用复印机、打印机等，因为它们不仅会消耗大量的耗材，这些耗材还会释放出污染空气和对身体有害的气体，危害你的健康。

3. 少使用复印机和打印机等，本身就可以减少电力成本，加上耗材和纸张的节约，将是一笔不小的数目，OA 办公的意义也在于此。

4. 传真和邮件请尽量在网络上完成，同样的道理，可以减少纸张使用，还可以让你提高工作效率。

5. 下班或者需要离开的时候请顺手关掉你的显示器电源，因为你的电脑在工作时是会"呼吸"的，关掉它可以省电，还可以减少二氧化碳产生量。

6. 多使用 MSN、QQ 等各种即时通讯工具，电脑和网络本来用来沟通的，大多数时候我们的沟通都可以不必在纸上体现出来。

7. 办公室内种植一些净化空气的植物，如吊兰、非洲菊、无花观赏桦等主要可吸收甲醛，也能分解复印机、打印机排放出的苯，并能咽下尼古丁。

8. 对于收集到的传单纸张请分类管理，如果不用请卖掉，尽管卖掉它们并不能为你的公司赚取多少钱，但是你帮助它们进入了再循环。

9. 购买办公用品请考虑环保因素，这样不仅是为公司降低长期成本，更重要的是你将为自己创造一个绿色环境。

10. 办公室里的空调请确保在夏天不要低于 26℃，冬天不要高于 20℃，否则将大幅增加能源损耗，而且对你的舒适度也并没有多大帮助。

11. 办公室的空调和制冷设备请定期清理，你会发现，这样做之后空调制冷、省电性能和房间空气都改进了，而你除了烦琐基本也不消耗什么。

12. 除非必要，尽量不要使用一次性纸杯等用品，特别当你是本公司人员的时候，这样不仅环保，也更为卫生。

13. 利用太阳能最简单的方式是什么？就是把工作放在白天做。也许有时候你身不由己，但是听我的，在没有必要的时候，请尽量在白天完成你的工作。

14. 未必红木就让你的办公室显得尊贵无比，也许竹子可以让你的办公室显得多了一份儒雅和淡定。

15. 不要以为是公司的水就可以开到最大去洗手，因为手是不是干净跟水的多少没有直接联系。

16. 大多数时候，你与客户的会晤并不一定要专车专送。

17. 低碳办公有利于你的身心健康，所以请尽量简化你的办公流程，这样也可以让你获得老板更多的青睐。

18. 电话会议也许方便，可是比不上"面对面"的视频对话来得更为到位，还能节省下一大笔的通信费用。

19. 办公室的静音环境很重要，没有人喜欢在嘈杂的环境内工作，接电话时控制音量，手机保持振动，讨论事情时心平气和，选择低噪办公用具，都是必不可少的。

5.2 低碳服务

5.2.1 指南要求

强化社区服务企业的低碳责任，在社区引入商场、超市、酒店、餐饮、娱乐等服务企业时，应将建设低碳商业作为准入要求，把低碳理念融入采购、销售和售后服务的全过程，积极推广低碳产品和服务，为社区居民提供绿色消费环境。

5.2.2 管理措施

1. 提出低碳商业准入要求

在社区引入商场、超市、酒店、餐饮、娱乐等服务企业时，应将建设低碳商业作为准入要求。

在"低碳商业"中明确要求商品生产以节能减排为目标，对商品生产实施高碳改造、低碳升级和无碳替代，高碳改造包括节能减排，低碳升级包括新材料、新装备、新工艺升级原有设备，无碳替代包括利用核能、风能、太阳能等新能源。

要求入驻企业在商品生产领域制定、补充完善或重新修订商品低碳质量标准。

案例　深圳前海深港现代服务业合作区产业准入程序

投资入驻深圳前海深港现代服务业合作区一般需要经过以下几个步骤：首先，企业需要根据前海产业准入目录确定自身投资前海合作区的项目类别；其次确定投资前海合作区的主体公司拟注册名称（需要到深圳市场监督管理局完成公司名称预核准）；然后准备申请入驻深圳前海合作区用的项目商业计划书（一般由专业的第三方咨询机构完成以确保计划书的质量）；将准备好的项目商业计划书、入区申请表联同名称预核准通知书扫描件先以邮件方式递交前海管理局相关部门进行材料审查，审查通过后再将盖章/签字确认的纸质版材料提交；审批通过后方可办理企业工商注册。

2. 鼓励开展低碳消费

低碳消费方式特别关注如何在保证实现气候目标的同时，维护个人基本需要获得满足的基本权利。由于满足基本需要的人权特性和有限性，在面临资源与环境约束的情况下，应该把有限的资源用于满足人们的基本需要，限制奢侈浪费。人们应该认识到：生活质量还包括环境的质量，若环境恶化，人们的生活质量也最终会下降。在环境资源日益稀缺的今天，低碳消费方式是一种更好地提高生活质量的消费方式。

低碳消费方式体现人们的一种心境、一种价值和一种行为，其实质是消费者对消费对象的选择、决策和实际购买与消费的活动。消费者在消费品的选择过程中按照自己的心态，根据一定时期、一定地区低碳消费的价值观，在决策过程中把低碳消费的指标作为重要的考量依据和影响因子，在实际购买活动中青睐低碳产品。低碳消费方式代表着人与自然、社会经济与生态环境的和谐共生式发展。

在社区内构建 4 个层级的低碳消费模式：

1）政府引领低碳消费

一是培育全民低碳意识，营造低碳消费文化氛围。通过通俗易懂、丰富多彩的宣传，影响公众行为，促使他们接受新技术，从而既能满足未来的能源需求，又能确保温室气体的减排。

二是完善政府激励低碳消费的制度。一方面政府要出台政策鼓励企业、公民和社会组织实行低碳消费，如制订奖励措施，对于开发低碳产品、综合利用自然能源、投资低碳生产流程的企业给予支持和鼓励，并在贷款、税收等方面给予优惠政策；另一方面抑制消费主体的高碳消费方式。

三是政府机构应从自身入手，带头节能减排。政府部门和单位通过早期采用、购买最新先进技术与产品等措施，为其他部门树立榜样。如率先使用节能减排型设备和办公用品，尽可能将办公大楼建设或改造成节能型建筑，制定和实施政府机构能耗使用定额标准和用能支出标准，实施政府内部日常管理的节能细则，制定政府节能采购产品目录，推行政府节能采购。

2）企业主导低碳消费

企业既是全社会推行低碳消费方式的"瓶颈"，也是"桥梁"。"瓶颈"是指企业是能源消费和碳排放大户，由于社会低碳消费意识的增长，低碳消费方式作为价值考量标准，促使企业不得不进行技术革新，降低能耗、提高资源的利用率，实行环境友好的排放方式。实现企业生产性消费的低碳化是一项长期、艰巨的任务，需要企业具有减排的社会责任意识并投入资金和人力资源，通过技术创新降低企业单位能源消费量的碳排放量，最终实现企业生产消费过程中能源结构趋向多元化和产业结构升级。"桥梁"是指企业也是低碳消费产品的提供主体，是联系低碳生产性消费和低碳非生产性消费的桥梁。低碳消费方式作为一种新的经济生活方式，给经济发展和企业经营带来新的机遇。只有企业提供了低碳节能的消费品，使公众在超市或其他商场购买产品时根据低碳化程度有所选择，才能有更广泛、深入地推行全民低碳消费方式的物质基础。

3）社会组织积极推进低碳消费

社会组织是现代多元治理结构中的重要主体，对促进低碳消费方式的全民化具有不可替代的作用。其分布广且深入社会各阶层，以其自身的布局优势比政府能更广泛、深入地开展节能减排、低碳经济的宣传教育活动；同时，比如说环保组织本身就是一类很重要的社会组织，这说明社会组织会更易于接受低碳消费的理念，并且积极实践、热忱推广。

低碳消费模式

▶ 以营养健康为导向的低碳饮食

低碳饮食，就是对碳水化合物的消耗量进行严格限制，同时稳步提高蛋白质和维生素的摄入量。实现低碳饮食，一是要平衡膳食，在保证营养、健康的前提下，提倡少食肉禽蛋奶，多吃五谷杂粮、瓜果蔬菜，尤其是尽量选取当地、应季的天然食材。这样不仅可以提高人的身体素质，还可以降低碳的排放量。二是养成良好的饮食习惯，平时要均衡饮食，外出就餐时要酌情点餐、杜绝浪费。三是低碳做饭，采用蒸、煮、拌等节能烹饪方法，选用节能冰箱、节能灶具、节能电饭锅等高效厨房系统，从源头上减少日常饮食的能源消耗，降低碳排放量。

▶以生态节能为导向的低碳建筑

低碳建筑是指按照生态住宅标准，在建筑物的规划设计、施工建造、使用运营到装修改造的整个生命周期内，采用节能环保的建筑技术、设备和材料，提高效率、降低能耗，力求获得一种与自然和谐的建筑环境。实现低碳建筑，一是建筑物外墙及屋面要尽量选用隔热保温的新型材料，降低传统建筑材料的使用率，还要采用分户取暖热计量收费、补贴外墙外窗改造、太阳能蓄热、地热取暖等方法，这样不仅能有效减少建筑用能量，还能降低二氧化碳排放。二是推广使用太阳能路灯和景观灯，楼道照明采用声控灯技术，室内照明推广使用节能灯等。三是多营造树林绿地，绿化城市屋顶，这样既可使建筑防水隔热，节能降耗，又可以净化空气，美化环境。

▶以绿色环保为导向的低碳交通

低碳交通，就是从节约能源、保护环境出发，日常出行选择低碳的交通方式，不断提高交通运输的能源效率，大力开发低能耗的新技术和交通方式。实现低碳交通，一是优先发展公共交通系统，持续提高公共交通的利用率，为居民出行提供方便快捷、舒适安全的公共交通服务。二是严格控制私人汽车拥有量的增长速度，其增速一定要与城市的发展规模相适应，同时，相关部门要进行科学的引导与管理，使其合理发展。三是鼓励购置小排量汽车，大力发展电动汽车、太阳能汽车和混合动力汽车等新能源交通工具，倡导低能耗、低污染的绿色交通方式。四是短距离鼓励步行、自行车出行，交通设计及道路指挥体系要有利于慢速及公共交通系统的推广和使用。

▶以经济适度为导向的低碳日用

低碳消费要从日常点滴做起。一是选择低碳家电，选购在技术上推陈出新、在生产中采用环保材料的节能家电。二是低碳穿衣，尽量选用自然环保面料和可循环利用材料制成的衣服，减少洗涤次数，鼓励手洗衣服，自然晾干。三是减少生活垃圾，对垃圾进行合理的分类，提高回收利用效率。四是低碳办公，采用无纸化办公平台，通过网络在线处理公文，多用即时通信工具沟通，少用传真机和打印机，在减少纸张消耗的同时，更可成倍提高办公效率。五是提倡合理消费、文明消费，淡化面子消费，戒除奢侈消费，减少非理性的消费行为。

案例　武汉市"3R 循环消费社区连锁超市"

　　形成社区连锁收废、寄售和低碳产品销售为一体的多层次循环消费低碳商业体系，充分体现减量化（Reduce）、低碳产品销售（Reuse）、资源循环利用（Recycle）的"3R 原则"。3R 循环消费社区立足改变居民消费模式、倡导绿色消费、低碳消费，把绿色低碳消费变成一项融入市民生活的商业行为。在开张的 300 多家 3R 社区超市中，环保袋、可降解餐具，绿色食品、低碳产品占所有商品的 90%以上。

青岛市"绿色消费社区"

　　目前，青岛市有"绿色消费社区" 560 个，覆盖家庭 143 万个、居民 410 万人。目前，市内四区 404 个社区，全部完成"绿色消费社区"创建工作；其他三区和五市扩大了创建工作范围。主要呈现 3 个特点：一是市内四区创建工作由数量推进向质量提升方面转变，绿色消费工作全面纳入社区工作大系统；二是创建工作重点由市区向农村转变，上半年新增绿色消费村庄 7 个，占创建总数的 54%；三是"绿色消费社区"宣传教育逐步常态化、规范化，形成了市、区（市）、街道（社区）三级联动、分工明确、责任清晰的宣传教育工作局面。市民"绿色消费"意识明显提高，社区食品消费环境明显改善，夯实了"绿色消费"社会基础。

　　▶扎实开展绿色消费宣传培训，提高居民绿色消费意识

　　通过开设"绿色消费课堂"，设置"绿色消费橱窗"，发放食品安全知识书籍、宣传画、宣传册等多种形式，广泛开展"绿色消费"教育和伪劣食品鉴别等宣传活动，进一步提高了社区居民的绿色消费意识，把"绿色消费"理念送进了社区。

　　● 加强绿色消费培训工作力度

　　以"市民开放日"活动为主体，以加强"绿色消费社区"队伍建设为重点，逐步完善了市、区、社区三级"绿色消费"培训体系，增强了宣传培训工作的针对性和实效性。各区、市共举行各类培训班 72 期，各社区举办绿色消费课堂 1 100 余课次，培训居民 8 万余人。

　　● 加大宣传的力度和密度

　　紧紧抓住广大居民食品消费中的热点、难点问题，广泛开展宣传教育活动，逐步使消费者树立科学健康的消费观念。上半年，先后利用 3·15 消费者权益日、食品安全宣传月、周末车载蔬菜进社区、绿色社区消费宣传周等时机，在广场、社区、

学校发放宣传书籍12 000多册、画册3 000多份、宣传品8万余份。各社区张贴宣传挂图1 000多张，新增"绿色消费"宣传栏90多个。

▶着力深化食品安全属地化监管机制，维护居民消费权益

在坚持执法部门、企业和居民代表"对话"制度的基础上，继续深化食品安全属地化监管机制，组织社区工作者、监督员、志愿者和执法人员加强对超市、农贸市场蔬菜检测、肉品上市的监督检查。

● 落实市场准入、退出制度

坚持食品质量安全信息发布制度，强化市场主办者、经营者为食品质量安全第一责任人意识。同时，结合绿色市场创建工作和社会信用体系建设，在社区食品市场广泛开展食品生产经营企业质量安全信用承诺活动，增强了社区食品市场经营活动和质量检测工作的透明度。

● 加强创建队伍建设

目前，已组成了由3 300多名社区工作者、2 100多名社区监督员、2 000多名志愿者和执法人员组成的"绿色消费社区"队伍。各区、市组织基层执法部门对敬老院、学校、企业等单位的食品采购渠道进行规范，防止劣质食品流入社区集体消费场所。同时，加大对社区非法市场、游商浮贩、食品黑作坊和非法交易、掺杂使假等违法行为的查处力度，杜绝劣质食品进入社区，维护了群众切身利益。全市社区共配合有关部门查处没有进货单的小食品摊点100多处，非法流动摊贩500余个，保护了居民的合法消费权益。

● 落实三方对话制度

定期组织社区居民与市场主办者、执法部门开展三方对话活动，畅通了消费者投诉、举报、维权渠道。上半年，针对猪肉"瘦肉精"等问题，各区市共组织三方座谈会470次，6 700余人次参加，较好地维护了居民的知情权、监督权和评议权。

▶积极探索"农社对接"产销直供体系，推动放心食品进社区

努力搭建"农社对接"产销直供平台，不断探索社区放心食品配送体系建设，通过完善社区便民服务网络，组织优势品牌、地产优质蔬菜开展社区直供直销，进一步完善了社区便民服务网络，达到了互惠互利的目的，促进了放心食品走进社区。

● 加强"放心肉""放心菜"直销网络建设

以"万福""金丁香""麦饭香""菜源"等为代表的"放心肉""放心菜"企业与社区建立了长期的稳定的产销合作关系，以农贸市场、社区门店、便民超市为依托，广泛开展"放心肉""放心菜"社区直供直销工作。全市建设"放心肉"直销店640多家，"放心菜"直销店1 000多家。

● 开展"优质地产蔬菜"进社区销售活动

分别组织开展了优质地产蔬菜新鲜直达进社区、周末车载蔬菜进社区和区市结对地产蔬菜进社区活动，活动范围达到 100 个社区，覆盖 40 万个家庭、100 万人口。各区、市积极探索建立放心食品进社区长效机制，定期组织放心肉、放心菜、放心食品到偏、散、远社区销售，市北区、四方区、崂山区组织的优质地产蔬菜社区直销活动已演化为常态化的工作，深受社区居民的欢迎。

● 加强社区与放心食品企业互动

鼓励品牌肉、菜、豆制品、调味品等企业，到社区开设便民服务网点，开展放心食品配送工作，定期组织万福、味味香、灯塔等"菜篮子"品牌企业深入社区巡回举办放心食品展览展销，增进了居民对放心食品的了解和认可。定期组织社区干部和居民代表参观生猪定点屠宰厂、金丁香豆芽生产线等放心食品生产企业，了解生产过程，增强消费信心。上半年各区、市共组织参观 17 家生产企业、3 000余人次。

▶不断加强舆论宣传和消费监督，保障居民知情权和监督权

加强与人大代表、政协委员和各新闻媒体的联系与沟通，加大舆论宣传和消费监督力度，努力提升"菜篮子"和"三绿工程"建设的知名度和影响力。

● 建立良好的互动关系，增强人大代表、政协委员对"菜篮子"工作的监督和指导

年初以来，通过提案（议案）回复、委员论坛等平台，与人大代表、政协委员建立起了良好的互动关系。通过单独组织活动，与 9 位人大代表和政协委员进行了面复座谈，邀请部分人大代表和政协委员视察"菜篮子"工作，通过面对面的交流、面对面的指导，既加强了对"菜篮子"工作的有效监督，又提升了"菜篮子"工作的社会关注度，进一步畅通了听民声、关民情、重民意、解民忧的有效途径。

● 畅通"绿色消费 e 线通"网络平台，增进广大市民对"菜篮子"工作的理解和支持

充分利用市政府、商务局、"菜篮子"暨"三绿工程"网站，通过民生在线、行风在线、暖情在线、网络在线等形式，搭建起全方位与市民交流的长效平台，各区、市商务部门网站、街道、社区办公网络在丰富功能后，被开发成为绿色消费宣传教育的有效平台。据统计，通过各类网络全年加挂"菜篮子"工作信息 5 600 多篇次，在线回答、网络回复市民问题 300 多个，"e 线通"成为市民了解政策、获取信息、向政府反映问题的有效途径，进一步增进了广大市场民对"菜篮子"工作的理解和支持。

● 加大媒体宣传力度，营造绿色消费良好社会环境

针对青岛市"菜篮子"工作进展及绿色消费社区建设状况，印发了2011—2015"菜篮子"安全宣传教育工作方案，以"菜篮子"安全宣传周为契机，全面加强与电视台、电台、报纸、网络等媒体的宣传合作，广泛宣传"菜篮子"工作，及时让广大市民了解"菜篮子"工作政策、法规和监管体系，掌握食品安全知识，提高自我保护能力，树立健康消费观念。据统计，上半年共在各类媒体开设"菜篮子"宣传专题专栏7个，刊发各种稿件1 800多篇次，其中，人民日报和中央人民广播电台均对青岛市"菜篮子"有关工作进行了报道，促进青岛市"菜篮子"工作社会关注度和认同度得到有效提升。

▶逐步完善长效工作机制，推动创建工作健康发展

按照"七个一"的要求，坚持统一领导、分工负责、属地化管理的原则，完善了"绿色消费社区"建设长效运行机制，动员社会广泛参与，形成合力，为创建工作健康发展营造了良好的氛围。

● 大力培育典型社区

层层落实创建工作目标责任，大力扶持条件成熟的社区开展绿色消费社区创建工作，形成培育—创建—吸纳梯次搭配的创建工作格局。指导区、市之间、街道办事处之间、社区之间开展了相互交流、观摩活动，取长补短，共同提高。根据绿色消费示范社区创建条件，重点在市内四区开展绿色消费示范社区创建工作，培育了一批基础条件好、创建工作成效明显的绿色消费社区，为推动"绿色消费社区"创建工作向更高层面发展奠定了基础。

● 完善激励约束机制

为确保创建工作健康发展，加大了对优秀社区创建工作的支持，增加了资金、设施投入。各区、市积极争取财政支持，建立了创建资金扶持政策，解决了优秀社区创建工作的后顾之忧，提高了街道办事处和基层社区创建工作的主动性、积极性和创造性。

● 全面推进创建工作

各区、市根据全市创建工作要求，将创建"绿色消费社区"工作纳入工作议程，并作为一项长期工作常抓不懈。市北区以"暖心工程"为抓手，定期开展送放心食品进社区活动，绿色消费社区创建工作效果得到有效巩固。平度市将"绿色消费社区（村庄）"创建活动的重点由社区转向村庄，上半年已在23个社区、村庄开展了"绿色消费社区"创建活动，创建工作取得有效突破。市南区、四方区的社区成立了"绿色消费"宣传、管理、执法监督队伍，形成了由社区工作者管理、执法部

门执法、志愿者宣传、监督员监督，商家企业承诺"五位一体"的工作体系。崂山区、黄岛区和五市积极探索建立社区食品安全监督管理机制，组织社区监督员定期巡查市场，并组织辖区内食品市场开展了争创"诚信市场、诚信业户"活动，取得很好的效果。

3. 鼓励购买低碳产品和服务

鼓励社区内居民购买具有相应标识的产品。中国环境标志低碳产品认证图形由外围的 C 状外环和青山、绿水、太阳组成。标识的中心结构表示人类赖以生存的环境；外围的 C 状外环是碳元素的化学元素符号，代表低碳产品。整个图像向人们传递了一种通过倡导低碳产品来共同保护人类赖以生存的环境的含义（图5-3）。

图5-3 中国环境标志低碳产品认证标识

案例 双东商城的低碳商业模式

双东商城是太原市第一家以"低碳、环保"为开发理念的独立产权式商业地产项目。双东秉持以人为本的企业宗旨，在设计构造、用材、运营、管理等多方面都以低碳减排为第一标准，将低碳地产从一个简单的概念具化为实实在在的产品。

双东商城位于并州北路与建设南路之间，交汇于东岗路与双塔寺街中心的位置，周边常住人口达 3.5 万人，流动人口约 1.5 万人。山西省人民医院，省内外就诊患者源源不断，每年约有 70 万人的门诊数量及 300 万的探视陪同人员，一切所需皆在双东商城就近解决。双塔寺街两侧的医疗器械一条街闻名三晋大地，每天汇聚 2 万人流，商机无限，双东商城受益于便利的交通环境，1 分钟即达公交车站，808、21、801、814 等线路纵贯发达，每年有超百万人流在此交汇。

双东"低碳"主题商城集结了国内外顶级的商场运营专家和低碳经济研究专家，专业运营团队为商城量身制定了一整套长期发展战略，确保商城未来的平稳健康发展。2010 年双东商城将进行跨行业协作，与山西低碳与健康促进会、招商银行等多家企事业单位和社会团体联合举办了以"低碳生活，健康创富"为总思路的一系列大型活动，旨在将环保节能、低碳减排的生活理念传播并普及到全市人民心目中，为消费者提供全新的"健康创富"生活环境和投资保障。

案例　苏州市"能效之星"项目

"能效之星"活动由苏州市经信委牵头，各市（区）节能主管部门负责本辖区"能效之星"企业实施单位的组织、推荐、协调、管理工作，苏州市节能中心负责"能效之星"企业活动的具体承办工作。"能效之星"活动是用能单位在年周期内，经自愿申请、签订协议、实施过程控制、进行成果评价、总结推广的模式，通过加强节能管理、采取先进的节能技术措施，最大限度地提高企业的能源绩效。

至今，苏州市已有近 150 家企业获得了"能效之星"星级评价，其中 10%为食品等快消品生产企业。首期"能效之星"项目已实现节能量约 70.2 万吨标准煤，减少二氧化碳排放 175.5 万吨，产生经济效益约 7 亿元人民币，成效显著。

"能效之星"活动主要分三个阶段：

▶第一阶段是申报与签约

重点用能单位在当地节能主管部门的指导下按自愿原则填写争创"能效之星"企业实施单位推荐表。由承办单位进行现场核实，并组织专家对申报单位进行筛选，选出"能效之星"企业实施单位；然后组织召开启动会，签署争创"能效之星"企业自愿合作协议书。

▶第二阶段是实施与服务

实施单位采取必要的措施，建立健全能源管理体系、落实节能技术改造项目。承办单位与实施单位建立互动机制，及时掌握项目进展及存在问题，并协助实施单位解决，同时为节能主管部门及时提供节能动态信息，特别是节能技改项目的进展情况。

▶第三阶段是评价与推广

实施单位对"能效之星"建设情况进行书面总结，提出评选"能效之星"企业申请。按"能效之星"评价体系要求，承办单位组织专家对"能效之星"实施单位建设情况进行考察、评价，评出等级。"能效之星"企业共设 5 个等级，分别为 1～5 星级，5 星为最高水平，3 星以上由政府授牌予以表彰。

5.3 低碳装修

5.3.1 指南要求

制定并发布绿色低碳装修指南，引导装修企业从设计、施工、选材等方面提供低碳装修服务，引导企事业单位和居民科学选择装修单位、选购低碳装修装饰材料和产品。试点社区应加强对室内装修活动的规范管理。

5.3.2 管理措施

1. 推荐绿色低碳装修材料

试点社区可编制绿色低碳装修材料清单，指导社区居民理性选择装修装饰材料，其中内容可包括：

墙面装饰材料的选择：家居墙面装饰尽量不大面积使用木制板材装饰，可将原墙面抹平后刷水性涂料，也可选用新一代无污染 PVC 环保型墙纸，甚至采用天然织物，如棉、麻、丝绸等作为基材的天然墙纸。

地面材料的选择：地面材料的选择面较广，如地砖、天然石材、木地板、地毯等。地砖一般没有污染，但居室大面积采用天然石材，应选用经检验不含放射性元素的板材。选用复合地板或化纤地毯前，应仔细查看相应的产品说明。若采用实木地板，应选购有机物散发率较低的地板黏结剂。

顶面材料的选择：居室的层高一般不高，可不做吊顶，将原天花板抹平后刷水性涂料或贴环保型墙纸。若局部或整体吊顶，建议用轻钢龙骨纸面石膏板、硅钙板、埃特板等材料替代木龙骨夹板。

软装饰材料的选择：窗帘、床罩、枕套、沙发布等软装饰材料，最好选择含棉麻成分较高的布料，并注意染料应无异味，稳定性强且不易褪色。

木制品涂装材料的选择：木制品最常用的涂装材是各类油漆，是众所皆知的居室污染源。不过，国内已有一些企业研制出环保型油漆，如"雅爵""爱的"牌装修漆、"鸽牌"金属漆等，均不采用含苯稀释剂，刺激性气味较小，挥发较快，受到了用户的欢迎。

低碳环保材料

- 环保地材：植草路面砖是各色多孔铺路产品中的一种，采取再生高密度聚乙烯制成。可有效控制暴雨径流，增加地表水净化，并能排走空中水。多用在公共设备中。

- 环保墙材：新开发的一种加气混凝土砌砖，可用木工工具切割成型，用一层薄沙浆砌筑，外表用特别拉毛浆粉面，具备阻热蓄能后果。

- 环保墙饰：草墙纸、麻墙纸、纱绸墙布等产品，具备保湿、驱虫、保健等多种功用。防霉墙纸经过化学解决，消除了墙纸在空气湿润或室内外温差大时涌现的发霉、发泡、滋长霉菌等景象，而且外表柔和，透气性好。

- 环保管材：塑料金属复合管，是代替金属管材的高科技产品，其内外两层均为高密度聚乙烯材料，两头为铝，兼有塑料与金属的优异性能，而且不生锈。

- 环保漆料：生物乳胶漆，除施工简便外还有多种色彩，能给家居带来绚丽色彩。涂刷后会散发阵阵幽香，还能够重刷或用干净剂进行解决，能克制墙体内的霉菌。

- 环保照明：这是一种以勤俭电能、掩护环境为目标的照明体系。通过科学的照明设计，应用高效、平安、优质的照明电器产品，发明出一个温馨、经济有益的照明环境。

2. 规范室内装修设计

1）室内的空气循环性

在室内的通风系统上除了要保障系统的安全性，还应该要保持良好的通风，及时排除二氧化碳等有害气体，新装修的房间，甲醇、苯等有害气体对人的伤害性很大，良好的通风系统可以在夏天降低温度，使有害的气体尽快排出，避免或减轻对居住者身体的伤害。室内设计时，不应该在通风系统中设置隔断物，保证空气流通。

2）装修材料低碳环保型

低碳环保建材就是指具有轻质、防火、保湿、隔热、隔音、调温、无毒、无害和消毒、防臭、灭菌等性能的建筑材料，这些低碳建筑材料可以有效地隔离有害气体和物质。低碳建材是实现清洁生产和产品生态化的关键和主要手段，尽可能地在生产和使用过程中减少对人体的伤害。应认真挑选装修材料，选择低碳的环保型材料，保障居住者、使用者身体健康和生活环境良好。低碳环保材料的应用要根据每户的特点而定，但大致都要求安全性和通风性能要好。就环保来说，可循环利用的原生态材料是首选，譬如麦秸秆制成的墙纸。至于化学成分含量太高，特别是含有放射性物质的装修材料则要禁止使用。

3）种植绿色植物，增加光合作用、净化空气

要让设计的室内充满阳光，必须增加光合作用，所以应该适当种植绿色植物。绿色植物能吸收光能，同时吸收空气和土壤中的二氧化碳与水，产生光合作用。种植绿色植物也是净化空气的一种常用和有效方式。大部分植物都是在白天吸收二氧化碳释放氧气，在夜间则相反。但仙人球、仙人掌、虎皮兰、景天、芦荟和吊兰等都是一直吸收二氧化碳释放氧气的，而且这些植物都非常容易成活。市场上比较热销一种彩色仙人球，适宜摆放在电脑旁边，既吸收电脑辐射又可装点居室。若想尽快驱除新居的刺鼻味道，可以用灯光照射植物。植物一经光的照射，生命力就特别旺盛，光合作用也就加强，释放出来的氧气比无光照射条件下多几倍。氧气纯度浓度的增加自然会让人心旷神怡，每天都像在森林氧吧里一样。因此，充分利用绿色植物装点室内，既低碳、环保，又美观舒适。

4）室内电气照明的环保低碳

要做到室内电气照明环保低碳，必须做到以下几点：

一是使用节能灯。高效节能灯可以节约 90%的电能，而且白日光和自然光才是最有益于人类健康的，不仅经济节能，还美观宜人。新型的灯具不断涌现，LED 灯具在同等亮度和照度下，要比现在的节能灯还要节约更多的能源，并且 LED 灯具寿命更长，当一个家庭 3～5 年不换灯泡和灯管时，既节约了社会的生产资源，减少了生产资料的消耗，又省却更换灯泡或灯管的麻烦，同时还能节约资金，节约电能的消耗。

二是不能随便使用特殊的灯光，只有在需要特殊效果的情况下才进行使用，确保特殊灯光的有效使用和所需能源的管理控制。

三是合理运用好调光器和计时器，避免对能源的肆意浪费，延长照明系统的寿命。

四是充分利用好自然光线，自然光线永远是最有益、最环保的光源，在能使用自然光线照片的时候尽量使用自然光线，而且要有意识地通过门窗、天窗等建筑项目把自然光尽可能地引入室内，不仅能起到节约能源的作用，还有美化家居的效果。

5）换气、通风、空调、采暖、保温措施

室内空间和设施应该采用一些简单、有效的方法：保持适当温度，可以有效降低能耗；例如在夏天，打开窗户形成空气对流，在一段时间内取代室内空调，既自然又节能。一些墙壁应该增加隔热处理，例如住宅西北侧的外墙内部，封闭阳台的内侧墙体，隔热处理可以有效减少因室内外温差所引起的热交换，保持或提高室内温度；一些空间应该吊顶来减少室内空间容积以达到节约热量和保温的效果，例如卫生间、厨房、书房。值得一提的是，使用石膏板吊顶要比现在流行的铝扣板更能保温和节能，并且石膏板的吊顶可以设计成更丰富的造型，这样有利于空间的改善。

3. 倡导绿色低碳装修过程

1）绿色低碳施工管理

绿色施工管理主要是对进入家庭装修施工现场的组织管理、规划管理、实施管理以及人员健康管理。组织管理就是施工前要合理地规划具体的施工管理人员，明确具体的施工管理人员；规划管理就是确定具体的绿色施工方案，并且要认真分析绿色施工过程中需要解决的问题，尤其是确定使用何种绿色环保施工材料；实施管理就是对整个家庭装修施工进行动态管理，优化每个施工环节，降低在施工过程中出现各种浪费现象；人员健康管理就是要制定针对施工人员的身体健康的措施。

2）选择低碳环保的装修材料

装修材料是家庭装修中的主要组成部分，实现装修材料的低碳环保是整个装修过程中的重要内容：首先选择具有低碳环保的围护材料。门窗材料应该选择具有耐火性和耐久性的特点，这样可以增强围护材料的使用寿命，避免在使用一段时间后出现透风现象而造成第二次施工。而且门窗材料也要选择具有保温隔热的材料，这样有利于提高室内的温度，达到冬暖夏凉的效果，避免消耗能源实现室内温度控制的现象。其次选择低碳环保的装饰材料。在进行装饰前一定要使用符合环保标准的装饰材料。最后选择具有可重复利用的周转材料。在对一些施工工具进行包装时要选择具有耐用性强、便于维护与拆除的材料，同时在构建装修施工管理办公区域或者施工人员生活区时要选择具有可重复利用的活动板房。

3）发展绿色施工的新技术、新设备、新材料与新工艺

首先家庭装修施工人员要不断地学习及借鉴国内外先进的低碳环保施工技术，根据不同的施工环境采取不同的环保施工工艺。同时施工人员也要积极地采用具有经济、环保的施工建筑材料；其次加强对新型材料的研发力度，提高环保材料的更新速度，并且积极与世界环保标准相接轨；最后要加强信息技术在家庭装修中的应用，通过信息系统设计与分析家庭装修中可能会出现的各种污染现象，进而通过计算机构建施工模型，优化低碳施工措施。

4）降低装修施工中的能源消耗

在装修过程中需要使用一定的机械设备，而机械设备的使用必然会消耗一定的能源，因此降低机械设备的能源消耗也是实现绿色低碳装修的重要内容：首先，建立机械设备管理制度，做好机械设备的安全监测，始终将其保持在高效的运作状态，并且要选择节能型机械设备；其次，在可能的情况下，在机械设备中添加节能型燃油添加剂，减低机械设备的能源消耗；最后要加强施工用电、用水。施工过程中要合理地布置用电电路，优化布置，并且要使用具有节能性质的灯具，实现节约用电的目标。同时在施工中也要合理使用水资源，选择具有节水性能好的产品，并且要使用具有可循环性质的水资源。

5）采取措施降低环境污染

在家庭装修施工中会产生各种污染现象，这就要求我们采取合理的措施降低装修施工对人体以及环境造成的污染。首先采取防尘措施。在装修过程中会产生大量的灰尘，为避免灰尘飞起对环境的污染，应该在装修施工过程中进行散水作业，在清理建筑垃圾时，要对封闭式的垃圾专用设备进行清理，同时对存放在露天的建筑材料要进行覆盖。其次降低噪音污染。噪音污染主要有两种：一种是人为噪音，就是施工人员在施工过程中大声喧哗，由于室内装修不同于室外装修，室内的隔音效果不明显，因此，施工人员在施工过程中的大声喧哗可能会影响到周围人，因此要提高施工人员的素质；另一种是机械噪音。机械噪音是不可避免的，但是可以选择低噪音的设备进行施工，并且在施工的过程中要尽量地关闭门窗，以免对其他住户构成影响。